工程结构智慧损伤识别理论与方法

向天宇　杜　斌　朱思宇　著

中国建筑工业出版社

图书在版编目（CIP）数据

工程结构智慧损伤识别理论与方法 / 向天宇，杜斌，朱思宇著 . — 北京：中国建筑工业出版社，2023.11

ISBN 978-7-112-28966-0

Ⅰ . ①工…　Ⅱ . ①向… ②杜… ③朱…　Ⅲ . ①工程结构—损伤（力学）—识别　Ⅳ . ① TU3

中国国家版本馆 CIP 数据核字（2023）第 144595 号

本书主要介绍了深度卷积神经网络和生成式对抗网络在结构动力特性智慧识别中的应用。内容涉及深度学习基本理论、基于深度卷积神经网络结构损伤判别、空间非均匀噪声对智能识别的影响以及生成式对抗神经网络在结构动力特性智慧识别中的应用等。同时，本书结合实际工程，探索了人工智能方法在实际结构动力特性判别和损伤识别中的应用。

本书可供工程结构相关的科研人员和工程技术人员参考使用。

责任编辑：毋婷娴
责任校对：芦欣甜

工程结构智慧损伤识别理论与方法
向天宇　杜　斌　朱思宇　著
*
中国建筑工业出版社出版、发行（北京海淀三里河路 9 号）
各地新华书店、建筑书店经销
北京雅盈中佳图文设计公司制版
建工社（河北）印刷有限公司印刷
*
开本：787 毫米 ×1092 毫米　1/16　印张：8¾　字数：178 千字
2023 年 10 月第一版　2023 年 10 月第一次印刷
定价：49.00 元
ISBN 978-7-112-28966-0
（41670）

前 言

在过去的十年，人工智能技术取得了显著的进步。Alphago、自动驾驶技术以及ChatGPT等一系列标志性技术的突破，正在深刻地影响着科学技术的发展轨迹和速度。在这个科技快速发展的新时代，作为一门以力学为理论基础的应用学科，结构工程如何利用人工智能技术所带来的机遇，推动学科的进一步发展，成为一个重要的议题。本书的工作正是为了应对这一发展的需求而展开的。在这个背景下，本书旨在探讨如何将深度学习技术应用于工程结构的动力特性的智慧判别，以促进该领域的创新和发展。

本书是笔者近年来应用深度学习技术进行工程结构动力特性智慧识别研究的一个总结，全书共分6章。第1章简要介绍了结构损伤识别的基本理论和发展历史，以及机器学习方法在这一领域中的应用成果；第2章介绍了深度学习理论的发展历史，重点介绍了深度卷积神经网络和生成式对抗网络的基本理论；第3章通过数值试验，利用Keras深度学习框架，搭建了基于深度卷积神经网络的结构损伤判别智能模型；第4章分别将深度卷积神经网络和生成式对抗网络应用到实际模型的损伤判别研究中；第5章重点讨论了输入噪声对识别精度的影响，尤其是对空间非均匀分布噪声的影响进行了详细的研究；第6章结合5座实际桥梁，开展了深度学习技术对实际桥梁动力特性识别的研究。其中，第1~4章由西华大学向天宇编写，第5章由成都理工大学朱思宇编写，第6章由贵州大学杜斌编写，全书由向天宇完成统稿。

在本书所涉及的研究过程中，得到了罗雨舟、魏涛和张煜等同学的帮助，在此表示衷心感谢。与你们一起工作和学习的日子，是人生中值得回忆的一段岁月。

在成书过程中，作者所在单位的领导和同事给予了大力帮助与支持，在此一并表示感谢。

最后，感谢我们的家人，你们的支持和相伴是我们人生中最珍贵的财富。

由于作者水平所限，谬误之处在所难免，恳请专家和读者批评指正。

目录

第 1 章 绪论 …… 001

1.1 传统结构损伤识别方法的应用和发展 …… 001

1.2 结构损伤的智能检测方法 …… 003

1.3 深度学习在结构损伤识别中的应用 …… 005

1.4 本书主要内容 …… 007

第 2 章 深度学习理论 …… 008

2.1 深度学习的缘起 …… 008

2.2 深度学习的基本思想 …… 013

2.3 卷积神经网络 …… 018

2.4 深度卷积生成式对抗网络 …… 033

第 3 章 基于卷积神经网络的结构损伤识别数值实验 …… 039

3.1 CNN 在结构损伤识别中的原理 …… 039

3.2 CNN 网络模型设计 …… 041

3.3 竖直悬臂梁模型 …… 044

3.4 结构参数随机性对卷积深度网络损伤识别的影响 …… 054

第 4 章 基于卷积神经网络与对抗生成网络的结构损伤识别模型试验 …… 065

4.1 CNN 应用于结构损伤识别的试验验证 …… 065

4.2 DCGAN 应用于结构损伤识别的试验验证 …… 073

第 5 章　空间非均匀性噪声对卷积深度网络损伤识别的影响 ………………………… 090

5.1　噪声的空间非均匀性 …………………………………………………………… 090

5.2　噪声的空间非均匀性对 CNN 的影响 ………………………………………… 092

5.3　传感器精度的非均匀性对 CNN 的影响 ……………………………………… 098

第 6 章　实桥试验 ……………………………………………………………………… 106

6.1　基于 CNN 的结构挠度校验系数预测框架 …………………………………… 106

6.2　实际桥梁挠度校验系数预测研究 …………………………………………… 108

参考文献……………………………………………………………………………………… 131

第 1 章
绪论

1.1 传统结构损伤识别方法的应用和发展

我国地形地貌复杂，尤其是西部地区山川峡谷不胜枚举，山区面积约占陆地面积的 67%，这使得我国建设便利的交通系统面临严峻的挑战。为满足交通需求，桥梁架设必不可少。作为跨越地形最常用的结构，桥梁是交通运输系统的重要组成部分。截至 2021 年底，我国桥梁数量达到了 96.11 万座、7380.21 万 m，其中特大桥梁 7417 座、1347.87 万 m，大桥 13.45 万座、3715.89 万 m。

随着我国经济的稳定向好，对外开放的进一步扩大，人民对交通出行的需求不断攀升。桥梁结构在使用寿命期间的健康状况直接关系到交通运输系统的正常运作，从而影响国民经济的持续发展。然而，桥梁等大型土木工程结构都会受到自然灾害、外力荷载、周围腐蚀性物质等的作用而出现性能劣化的现象，从而影响其正常使用，极端情况下甚至可能引起结构整体破坏、桥毁人亡的灾难性事故。

在此大环境下，随着桥梁服役时间的持续增加，其结构性能也在日益下降。如果发生结构性整体破坏，不仅国家经济会蒙受一定程度上的损失，还会影响社会的稳定发展。如何对桥梁等大型且复杂的土木结构进行实时并有效的健康监测成为学术界的重大挑战，同时也受到工程界人士的广泛关注。

在结构工程的发展过程中，先后出现了多种结构损伤识别方法，这些方法大体上可分为基于静力特征的损伤识别和基于动力特征的损伤识别两大类。

基于静力特征的损伤识别方法主要是通过试验仪器测得结构在外界激励作用下的位移、应变，对所测数据进行分析处理，再对比无损伤状态下的结构响应数据，判断结构是否发生损伤。

基于动力特征的损伤识别方法能在结构正常运营下对其进行实时监测。其方法主要分为动力指纹法、小波变换法和人工智能法等。当结构受到外激励作用时，它会产生相应的响应。利用损伤前后结构动力特性的变化，可有效地识别出结构的损伤。

1.1.1 基于动力指纹法的损伤识别

桥梁结构受损，必然会导致结构的物理属性发生改变，从而导致结构的动力参数发生变化，因此可利用结构动力参数的变化来识别损伤。在实际工程运用中，可以根据试验测得的动力参数来识别桥梁损伤，动力测试的优点在于可做到无损检测和获取的信息十分丰富。常用的动力指纹指标有固有频率、振型、应变模态和曲率模态等。

（1）基于固有频率的损伤识别方法

固有频率是结构最基本的固有属性之一。结构一旦损伤，其固有频率会发生变化。所以，结构是否损伤可由结构固有频率的变化来确定。早在20世纪70年代，考利（Cawley）等便用固有频率对结构进行损伤识别，通过数值模拟和试验验证，提出了若损伤是单一的，则损伤前后的频率变化与损伤位置有关。萨耶德（Sayyad）等将裂缝用等效弹簧来模拟，在简支桥梁上进行试验，依据固有频率是结构最基本的参数，在结构上任意一点可以测量，得到了固有频率、裂缝位置和裂缝尺寸三者之间的关系。尚鑫等以钢筋混凝土简支梁作为研究对象，通过数值模拟，得到了简支梁在单一损伤情况下的固有频率，发现此简支梁的固有频率受损伤程度的影响较大。

但基于固有频率的损伤识别方法存在一定的局限性。当损伤很小时，固有频率的变化很小。另外，结构上不同部位的损伤，可能引起相似的频率变化。萨拉乌（Salawu）验证了基于固有频率进行损伤识别的方法具有局限性。除此之外，谢峻等研究发现，结构的损伤识别中，频率会随着损伤的累加而逐渐改变，频率对局部损伤不敏感。

（2）基于振型的损伤识别方法

振型作为结构的固有属性之一，包含结构各个节点的位移信息。与固有频率相比，振型包含了更多的损伤信息，能直接反映桥梁的损伤情况，因此，振型对结构损伤更为敏感。当结构未损伤时，结构的振型不会产生变化，一旦结构出现损伤，结构的刚度就会减小，结构的频率和各个节点的位移就会改变，从而导致结构的振型发生改变。潘德（Pandey）等采用有限元模拟的方法，以振型的绝对变化值作为识别指标进行损伤识别，效果良好。贾宏玉等以振型变化率为识别指标对结构进行损伤识别，通过数值模拟，验证了振型变化率能很好地识别出结构的损伤。

尽管结构的振型包含了更多的损伤信息，但是在实际工程中，由于复杂结构测点数量和测点布置的限制，导致测量的模态振型时常不完整。此外，模态振型的测量，易受到环境和噪声的干扰，导致测量值与理论值产生较大的误差，造成较大的识别差异。

（3）基于应变模态和曲率模态的损伤识别方法

由于应变模态在局部损伤的部位有明显的峰值，且峰值大小随损伤程度的增加而增大，所以相较于大多数的模态，应变模态对结构局部损伤更为敏感。有学者以框架结构为研究对象，采用应变模态作为损伤指标对其结构进行损伤识别。结果表明，应变模态灵敏性好，结构损伤识别的准确性较高。

曲率是指振型曲率，曲率模态是振型函数的导数，它对结构的局部损伤具有较好的敏感性。曲率模态与刚度系数有关，当结构出现损伤时，结构的刚度减小，柔度增大，结构曲率模态发生变化。基于此，可利用结构损伤前后曲率的变化来判断结构是否损伤。陈淮等以一座刚架桥为研究对象，利用曲率模态对刚架桥进行损伤识别，通过对比分析仿真数据和试验数据，验证了曲率模态是结构损伤识别的敏感参数。陈江等以框架结构为研究对象，利用曲率模态对框架结构进行损伤识别，并引入了不同程度的随机噪声来模拟实际工程中噪声引起的随机误差，结果表明，曲率模态法对结构损伤识别有较大优势。徐飞鸿等提出基于柔度相对曲率矩阵的识别方法，构造出柔度相对变化率矩阵，并以简支梁、固支梁和连续梁的仿真分析，验证了该方法的可行性。

1.1.2 基于小波变换法的损伤识别

小波变换是一种可以进行时频局域化分析的信号处理技术。通过小波变换，信号可被分解为频带，频带中的能量能很好地反映出结构是否损伤。基于此，可利用小波变换法进行结构的损伤识别。最初，小波变换法常应用于机械结构的故障诊断。近年来，其在土木工程领域的研究取得了理想的成果。曾有学者以小波变换下振动信号的特征作为识别指标，对单自由度结构进行了数值模拟，研究表明，当结构出现损伤时，小波变换法可有效地、及时地识别出结构已发生的损伤。刘习军等以小波变换对节点曲率分解而得到的识别指标进行结构损伤识别，并通过试验验证了其损伤识别的准确性。窦凯等建立了悬臂梁模型，以强度因子作为识别指标，通过试验采集样本，并对样本进行小波变化分析，验证了强度因子作为损伤指标的有效性。

1.2 结构损伤的智能检测方法

在人工智能领域，机器学习（Machine Learning）是核心的研究方向，它汲取了神经生物学、概率统计学、信息论和计算机理论等学科的成果。机器学习的本质是通过计算

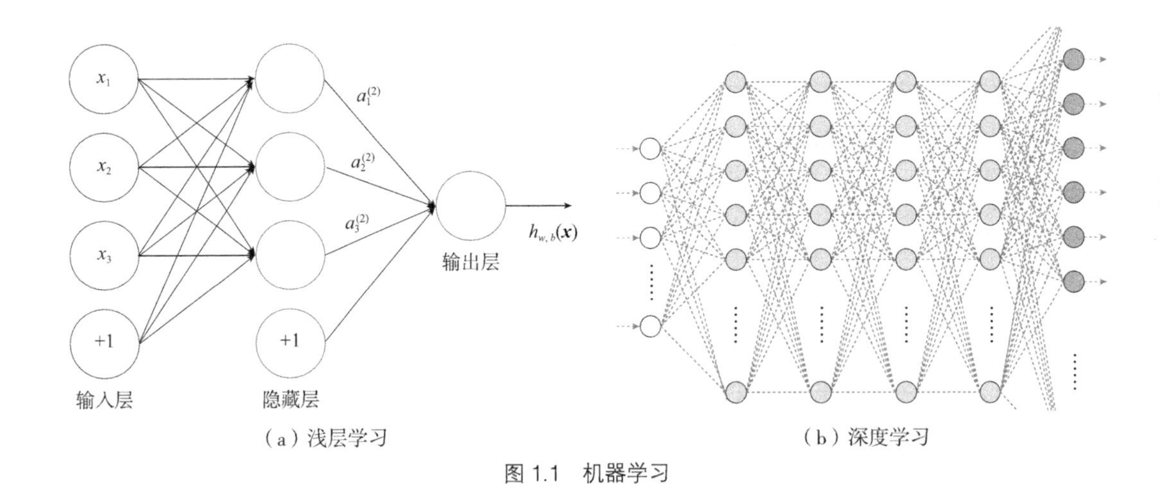

（a）浅层学习　　（b）深度学习

图 1.1　机器学习

机模拟人类认知活动的过程，从大量数据中学习到数据潜在的分布规律和泛化规律，并能利用这些规律对未来或未知数据做出预测。如图 1.1 所示，机器学习从其发展和网络模型的结构层次方面可以大致分为两大类：浅层学习和深度学习。浅层学习有浅层人工神经网络和支持向量机等，深度学习有卷积神经网络和生成式对抗网络等。

1.2.1　基于人工神经网络技术的智能损伤识别法

人工神经网络在 20 世纪 40 年代首次被提出，它是一种模仿生物神经系统运行方式的智能算法，能效仿人脑神经系统运行的方式来分析和研究事物，具有自适应能力、自组织能力、泛化能力和非线性映射能力等。在求解结构动力损伤的过程中，存在复杂的非线性计算，使得问题求解困难，但人工神经网络能较好地克服这一困难，并能提高损伤识别的精度。文卡达苏布拉马尼安（Venkatasubramanian）等于 1989 年首次使用浅层的 BP 神经网络对已知损伤的工程结构进行检测与诊断，验证了人工神经网络在结构损伤识别中的可行性，这是最早将浅层的 BP 神经网络应用于工程损伤识别的案例。库达瓦（Kudva）等用有限元软件获取的结果来训练浅层人工神经网络，然后对其他的结构损伤进行预测，效果较为理想。另有学者通过钢桥试验验证了人工神经网络在结构损伤识别中的可行性，通过试验采集钢桥的加速度响应数据作为输入，再对网络进行训练，进而识别出损伤结构。还有学者以小波包能量作为浅层人工神经网络的输入，以此来识别结构损伤。徐菁等以网壳结构为研究对象，提出基于时间序列自回归模型和浅层 BP 神经网络的损伤识别方法，研究表明，该损伤识别方法具有较高的准确性和一定的抗噪能力。

虽然传统的浅层人工神经网络具有很多优点，但在解决复杂问题时也存在一些不足，如收敛速度慢，需要大量的时间来训练样本。除此之外，由于经典算法采用梯度下降法，网络有可能陷入局部极小值而非全局最小值，导致出现过拟合现象。不仅如此，传统的浅层人工神经网络主要基于“浅层学习”理论，其学习能力和表征能力有限；同时，具有复杂多层结构的人工神经网络难以训练，导致其处理复杂分类问题的能力较弱，泛化能力较差。

1.2.2　基于支持向量机技术的智能损伤识别法

支持向量机技术（Support Vector Machines，SVM）是由万普尼克（Vapnik）教授在1992年基于统计学习理论提出的一种学习方法。支持向量机技术是在样本数量不足的条件下，利用非线性变换能力十分强大的内积函数，将一个输入空间变换到另一个高维空间，并在高维空间中，遵循结构风险最小化准则，解决最优分类面问题，从而得到问题的全局最优解。相较于浅层人工神经网络，支持向量机具有无须调参、高效率计算、结构较为简单和全局最优解等优点。萨帕尔（Satpal）等通过数值模拟和试验分析，验证了以第一阶模态振型值作为支持向量机的输入进行结构损伤识别的可行性。哈斯尼（Hasni）等利用支持向量机技术对桥梁主梁进行损伤识别，并通过实体桥梁试验，验证了该方法的有效性。赵云鹏等将模态柔度差作为支持向量机的输入参数，进行损伤识别，结果表明，该方法具有良好的有效性和准确性。

支持向量机也属于“浅层学习”，绝大多数的支持向量机模型只有一层隐含层，在复杂问题和较多的非线性条件下，支持向量机的可靠性和准确性无法得到保证。

1.3　深度学习在结构损伤识别中的应用

1.3.1　深度学习的发展及应用

深度学习是机器学习领域中最新的重要研究分支，它由机器学习领域泰斗杰弗里·辛顿（Geoffery Hinton）于2006年在国际顶尖学术刊物《科学》（*Science*）上提出，一经提出便对整个机器学习领域产生了巨大影响，引发了对人工智能研究的新一轮热潮。深度学习主要突破了机器学习中对网络层数的限制，可以根据需求增加网络的层数。另外，深度学习的非线性映射能力可逐层将低层特征不断地映射组合至高层，特征表达逐层抽象，最终形成完整的分布式抽象理解。辛顿教授与微软公司自2009年开始合作，于2011年推出了首款基于深度学习算法的语音识别系统，这一成果彻底颠覆了语音识别领域的技术框架，将语音识别的准确率提高到了一个新的高度。2012年，深度学习在计算机视觉领域取得重大突破，在其领域最具影响力的图像识别数据库（ImageNet）比赛中，辛顿教授的研究小组采用深度学习理论，赢得了图像分类的第一名。深度学习在人脸识别领域也取得了重大成就，相关研究表明，深度学习在当今最著名的人脸识别测试集（Labeled Faces in the Wild，LFW）上的识别率高达 99.47%，人眼在 LFW 测试集上的识别率为 99.15%，而基于浅层学习理论的经典人脸识别算法在 LFW 测试集上的识别率只有 60%。这说明，采用深度学习理论后的识别率几乎与人眼的识别率相同，且远远高于经典的非深度学习理论的识别率。

在深度学习中，每一层都有其特定的作用，通过上层对下层的不断抽象，实现不同层之间的协作，大幅度提高了模型的准确度。基于深度学习的网络因其复杂的多层结构和创新的训练算法，在模式分类能力和计算效率等方面有较大的进步。在短短的 10 年内，深度学习在语音识别、图像识别和游戏博弈等众多领域都已完成了对传统的浅层学习的超越。近年来，深度学习领域应用广泛的网络框架有卷积深度网络、循环深度网络、深度置信网络和生成式对抗网络等。

1.3.2 卷积神经网络

卷积神经网络（Convolutional Neural Network，CNN）是深度学习中重要的算法之一，其思想源于休柏（Hubel）等在 1962 年对动物视觉的皮层细胞展开研究时所提出的感受野（Receptive Field）概念。深度卷积神经网络的研究始于 20 世纪 90 年代，杨立昆（Yann LeCun）于 1998 年提出了第一个正式的 CNN 模型，但由于当时计算能力的不足以及缺乏深度学习理论的支持，CNN 网络的发展极度缓慢。进入 21 世纪后，随着计算设备的改进和深度学习理论的提出，卷积深度网络得到了快速的发展，于 2012 年提出的 Alex-Net 模型极大地提高了 CNN 网络的性能。目前，CNN 网络已成为深度学习在语音识别、计算机视觉领域中重要的技术之一。虽然 CNN 网络已经成功应用于多个领域，但是在结构损伤识别领域的应用尚处于探索阶段。李雪松等采用 4 层卷积和 2 层池化的 CNN 网络，将结构加速度响应作为二维输入向量，识别框架结构的损伤，并与小波变换法和模态分解法相对比，研究表明，结构的加速度响应通过 CNN 网络后，提取的特征向量能更准确地反映结构的损伤情况。有研究者利用 CNN 网络出色的图像识别能力，以混凝土裂缝图片作为训练输入，研究 CNN 网络对混凝土结构裂缝缺陷的图像识别精度，取得了 98% 的准确率。侯昂（Hong）等人指出振动信号中，含有能反映结构损伤的丰富信息，将振动信号转化成二维灰度图像，利用 CNN 网络出色的图像识别能力，从中提取损伤特征并进行分类，以此来实现结构的损伤识别。

1.3.3 生成式对抗网络

生成式对抗网络（Generative Adversarial Networks，GAN）是深度学习的算法之一，由加拿大蒙特利尔大学的古德菲勒（Goodfellow）于2014年提出，被业界誉为近年来人工智能领域最具前景的突破。目前，基于生成式对抗网络相关技术在结构损伤识别方面的研究成果极少，在其他工程领域有少许研究。张可赞将生成式对抗网络用于桥梁结构静力有限元模型的参数识别与修正，得出生成式对抗网络相较于其他算法，彻底改变了对样本的构造方法，在构造新的数据时具有实际意义。陈伟设计了改进的生成式对抗网络模型，将单一故障样本与部分复合故障样本进行训练，生成了含有未知数据的复合故障样本。胡方全采用生成式对抗网络根据源域振动信号，生成目标域振动信号，以此来扩充训练数据集。

1.4 本书主要内容

本书主要探讨了深度学习方法中的深度卷积神经网络和生成式对抗网络在工程结构损伤识别中的应用。全书共分6章。

第1章简要回顾了损伤识别理论的发展，介绍了深度学习的基本理论及其在结构损伤识别中的应用前景。

第2章详细介绍了深度学习理论的发展历程，着重探讨了深度卷积神经网络和生成式对抗网络的基本思想及其实现方法。

第3章以数值试验为基础，探讨了深度卷积神经网络在工程结构损伤识别中的应用，以及结构参数随机性对识别效果的影响。

第4章以室内模型试验为基础，系统地研究了深度卷积神经网络和生成式对抗网络在模型试验中的应用，试验结果表明这两种方法能很好地应用于工程结构的损伤识别。

第5章研究了空间非均匀分布的噪声对识别精度的影响。在实际工程中，采样噪声和环境噪声在空间上大多表现为非均匀性，本章详细地研究了噪声在空间上的非均匀性对卷积神经网络损伤识别的影响。

第6章以5座实际桥梁为例，开展了深度学习理论在实际结构的动力性能识别中的实际工程研究。

第 2 章 深度学习理论

在 20 世纪 90 年代，传统浅层神经网络的训练方式是通过随机初始化权值，再利用反向传导和梯度下降算法对权值进行更新直至收敛。但是对于多层神经网络，由于结构层数较多，残差向前传播时会出现严重的丢失，从而造成梯度消失现象，随机初始化的权值在优化过程中极易使目标函数陷入局部最优，导致其被大多数学者摒弃。直到 2006 年，加拿大多伦多大学辛顿教授首次提出了深度信念网络概念，该网络与传统网络不同，其先通过预训练让神经网络的权值方便地找到一个接近最优解的值，随后通过微调技术对整个网络进行优化训练，由此，神经网络的训练效率被大大提高。辛顿教授给多层神经网络赋予了一个新的名词——深度学习，深度学习主要打破了传统神经网络对网络层数的限制，设计者可以根据需要选择所需要的网络层数。

深度学习算法和传统浅层学习算法的主要区别是：①深度学习架构含有更高的层次，且每层的节点数都远远大于传统浅层学习；②浅层学习需要人工设计特征工程来实现对输入集的特征提取，而深度学习实行逐层特征提取，明确强调了特征学习的重要地位，将样本中原有的特征空间变换到了一个新的更抽象的特征空间中，使得最后的分类工作更容易进行。

2.1 深度学习的缘起

作为人工智能领域最重要的突破之一，深度学习近年来发展极为迅猛，引起了国内外的广泛关注。然而，深度学习的发展却十分曲折，经历了一段漫长且曲折的发展史（图 2.1）。

1943 年，脑神经科学家麦卡洛克（McCulloch）和数学家皮茨（Pitts）参考生物神经元的结构和工作原理，提出了一个抽象、简化的神经元数学模型，简称 MP 神经元模型，

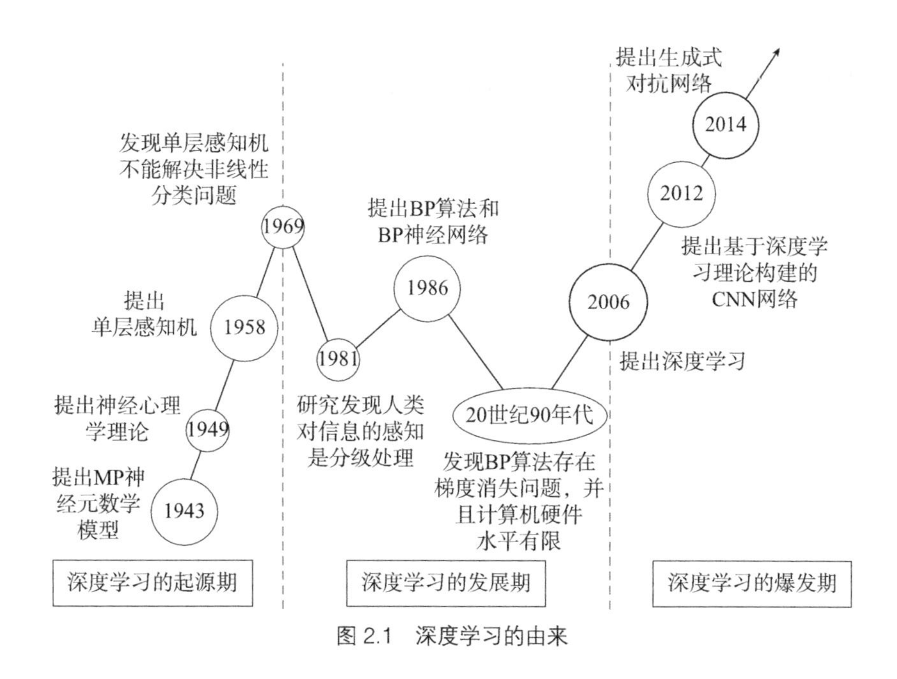

图 2.1　深度学习的由来

它是人工神经网络的最小单元，类似于生物神经网络中的神经元。如图 2.2 所示，该模型将生物神经元模型的“树突”“细胞体”“轴突”“轴突末梢”抽象简化为输入信号、线性加权求和、非线性激活和输出。MP 神经元模型本质上是一种“模拟人类大脑”的神经元模型，其数学表达式为

$$Y = f\left(\boldsymbol{W} \cdot \boldsymbol{X} - \boldsymbol{\theta}\right) \tag{2.1}$$

式中：$\boldsymbol{Y}$ 为 MP 神经元的输出；$f(\cdot)$ 为激活函数；$\boldsymbol{W}$ 为权重；$\boldsymbol{X}$ 为输入；$\boldsymbol{\theta}$ 为阈值。结合图 2.2（b）与式（2.1）可知，对于任意的一个 MP 神经元模型，它能同时接受多个输入信号 $\boldsymbol{X}$；用权值 $\boldsymbol{W}$ 模拟生物神经元中不同的突触性质和突触强度对生物神经元的影响，权值 $\boldsymbol{W}$ 的正负模拟了生物神经元中突触的兴奋和抑制，其大小则代表了突触的不同连接强度；$\boldsymbol{W} \cdot \boldsymbol{X}$ 表示 MP 神经元第 j 个模型把所有的输入信号进行加权整合，模拟生物神经元的膜电位；神经元激活与否取决于阈值 $\boldsymbol{\theta}$ 的大小，即只有当其输入总和超过阈值 $\boldsymbol{\theta}$ 时，神经元才被激活而发出脉冲，否则神经元不会发生输出信号。这种阈值加权求和的神经元模型称为 MP 神经元模型，它也是神经网络中最基本的一个处理单元。MP 神经元模型作为机器学习的起源，开创了机器学习的新时代。

1949 年，加拿大著名心理学家唐纳德·赫布（Donald Hebb）提出了神经心理学理论。人脑神经网络的学习过程最终发生在神经元之间的突触部位，突触的联结强度随着突触前后神经元的活动而变化，变化的量与两个神经元的活性之和成正比。此理论为以后的深度学习算法奠定了基础，具有重大的历史意义。

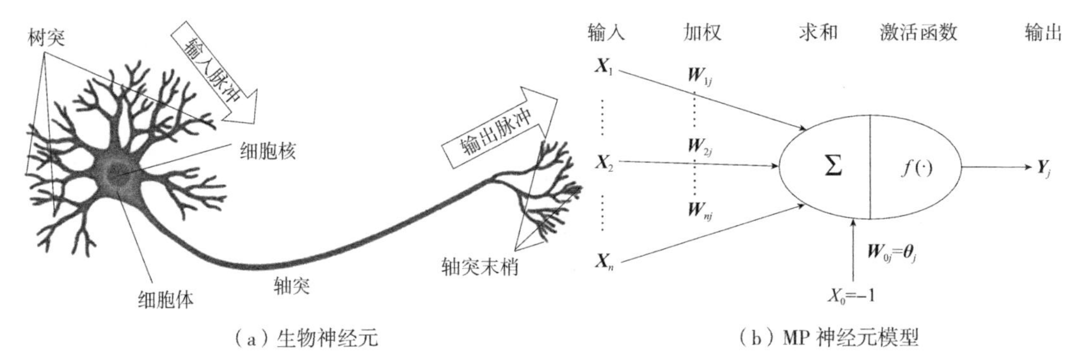

图 2.2 MP 神经元模型与生物神经元

1958 年，计算机科学家罗森布拉特（Rosenblatt）在 MP 神经元模型和神经心理学理论研究的基础上，发现了一种类似于人类认知过程的学习算法，并将其命名为感知机（Perceptron）（图 2.3）。感知机是最简单的人工神经网络结构，可对输入的训练数据进行二分类，其数学表达式为

$$O_j = \mathrm{sgn}\left(\sum_{i=1}^{n} W_{ij} I_i\right) \tag{2.2}$$

$$O_j = \begin{cases} 1 & \sum_{i=1}^{n} W_{ij} I_i > 0 \\ -1 & \sum_{i=1}^{n} W_{ij} I_i < 0 \end{cases} \tag{2.3}$$

式中：O_j 为感知机的输出；sgn（·）为阶跃函数；W_{ij} 为权重；I_i 为感知机的输入。感知机的提出标志着人类历史上第一个人工神经网络的诞生，对机器学习的发展具有里程碑式的意义，感知机的提出掀起了第一轮机器学习的热潮。

1969 年，美国数学家及人工智能先驱马文·明斯基（Marvin Minsky）证明了感知机本质上是一种线性模型，只能处理线性分类问题，即仅用一条直线可分的图形（图 2.4）。

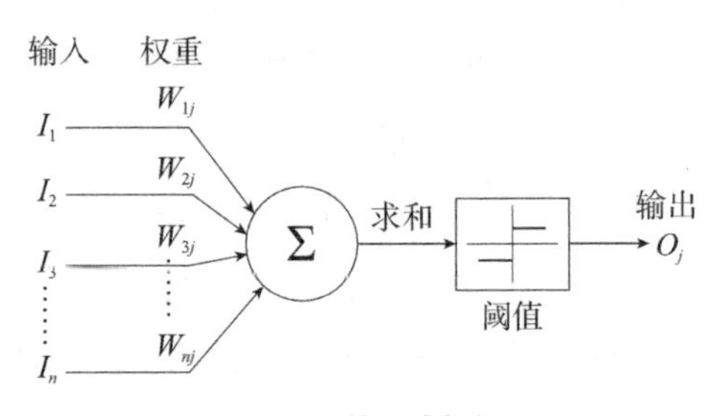

图 2.3 单层感知机

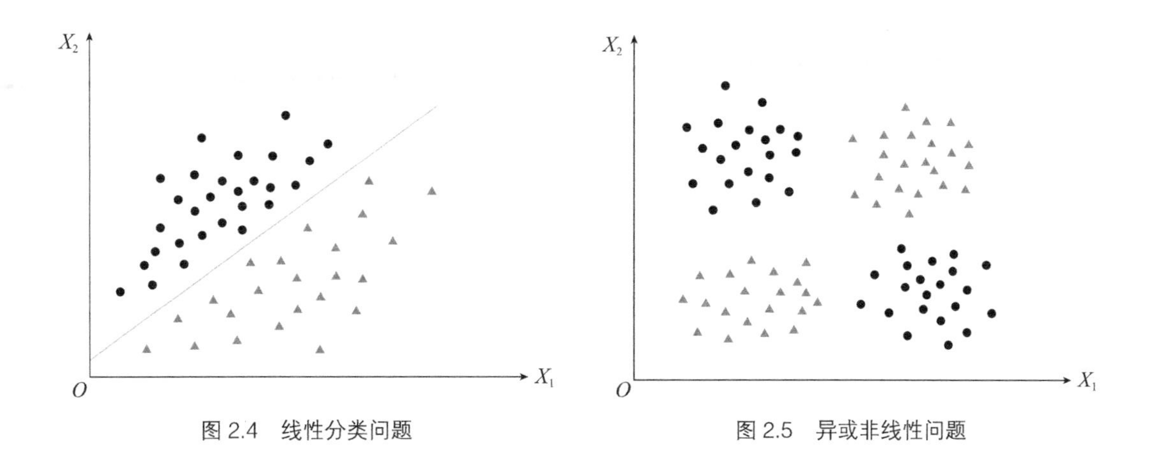

图 2.4　线性分类问题　　图 2.5　异或非线性问题

它不能解决简单的异或（Exclusive OR，XOR）等非线性分类问题（图 2.5）。由于这个致命的缺陷，且没有及时将单层感知机推广到多层感知机中，再加上那个时代计算机硬件较差，计算能力严重不足，导致在 20 世纪 70 年代机器学习进入了第一个寒冬期，人们对它的研究也停滞了将近 20 年。

1981 年大卫·休伯尔（David H.Hubel）和托斯登·威塞尔（Torsten Wiesel）发现了人的视觉系统在处理信息时是分级的。大脑的工作是一个对接收信号不断迭代、不断抽象概念化的过程。如图 2.6 所示，首先从瞳孔对原始信号摄入开始，接着做初步处理，大脑皮层某些细胞发现原始信号的边缘和方向；其次抽象，大脑中枢判定眼前物体的形状，得到基本轮廓；然后进一步抽象，大脑进一步判定该物体属于什么类别，实现初次分类；最后，识别出从瞳孔摄入的原始信号是何物，实现最终的判断与识别。总之，复杂的图形是由一些基本单元组合而成。人脑是一个深度架构，认知的过程也是深度且复杂的，这个发现激发了人们对机器学习的进一步思考。

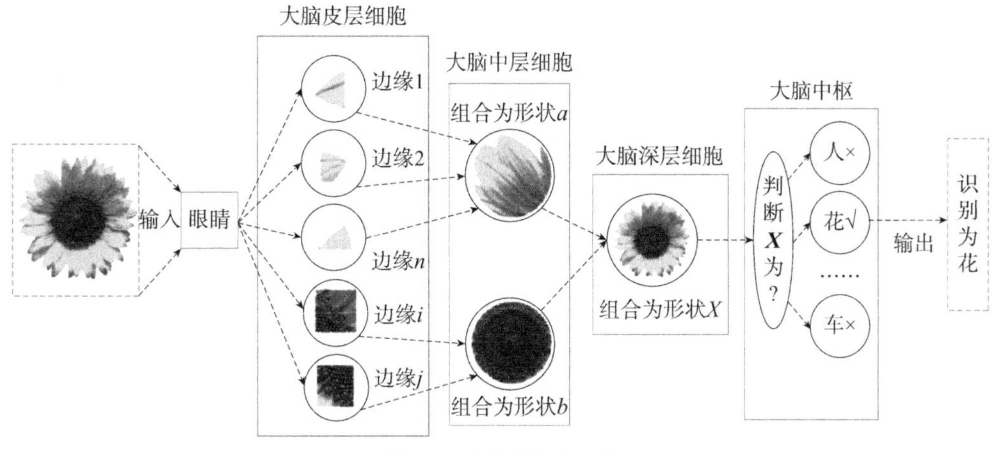

图 2.6　人脑认知的过程

1986年，深度学习之父辛顿提出了BP算法（Back Propagation）。BP算法在传统人工神经网络的正向传播基础上，增加了误差的反向传播过程。在反向传播的过程中，其不断地调整神经元之间的权值和阈值，直到输出的误差减小到允许的范围之内，或达到预先设定的训练次数为止。图2.7所示为采用BP算法的3层神经网络结构图。正向传播时，输入信号经隐含层处理后，传向输出层，若输出层的实际输出与期望输出不符，则进入误差的反向传播阶段；反向传播时，将输出通过隐含层向输入层逐层反传，并将误差分摊给各层的所有单元上，从而获得各层单元的误差信号，此误差信号作为修正各单元权值的依据，整个反向传播的基本思路如图2.8所示。BP算法有效地解决了非线性分类问题，使人工神经网络再次引发了人们的广泛关注，掀起了第二轮机器学习的热潮。

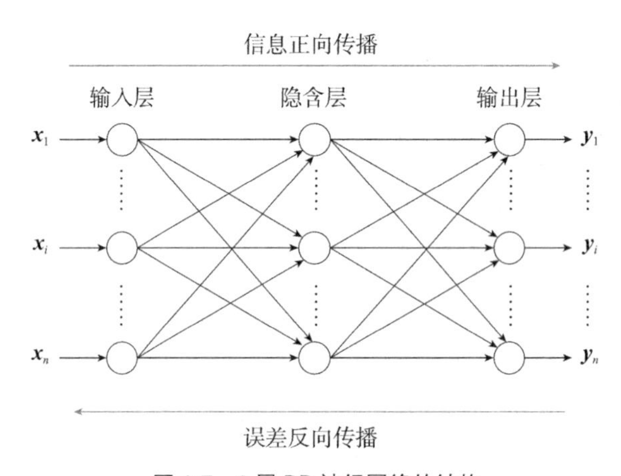

图2.7　3层BP神经网络的结构

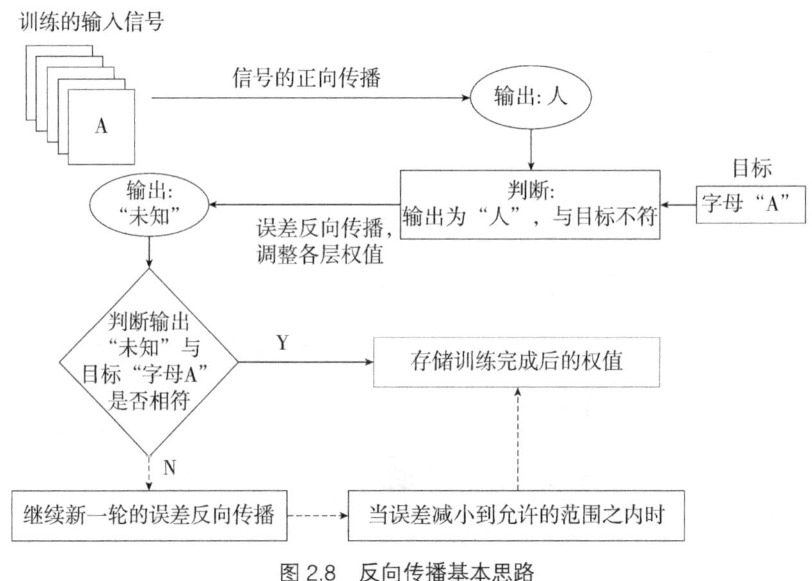

图2.8　反向传播基本思路

20 世纪 90 年代，由于计算机的硬件水平有限，运算能力跟不上，出现了当网络规模增大时，BP 算法出现“梯度消失”的问题。梯度消失现象的根源在于计算机运算能力的不足，导致对目标函数的求解易陷入局部最优而非全局最优，这使得 BP 算法的发展受到了很大的限制。机器学习进入了第二个寒冬期。

2006 年，辛顿教授正式提出了深度信念网络（Deep Belief Net，DBN），并提出了“梯度消失”问题的解决方案，即通过无监督的学习方法，逐层训练算法，再使用有监督的反向传播算法，进行逐层调优，人工神经网络的训练效率被大大提高。因此，辛顿教授对此网络赋予了新的名词——深度学习。深度学习的本质是对观察数据进行分层特征表示，再逐层传递特征，最后将所有的特征进行整合。实现将低级的特征表示逐层传递、逐层抽象，进一步抽象成高级的特征表示。这与人脑的认知过程十分类似，深度学习模拟了人类大脑的深度架构。深度学习的提出在学术圈和工业界均引起了巨大反响，这也标志着人工智能进入深度学习时代。深度学习的提出掀起了第三次机器学习的热潮。

2.2　深度学习的基本思想

2.2.1　深度学习的结构及原理

深度学习的基本结构如图 2.9 所示，其基本结构包括输入层、隐含层和输出层三大层，相邻两层的节点之间有连接，而同一层节点之间无连接，跨层节点之间也无连接。这与传统人工神经网络的基本结构类似，不同之处在于深度学习中更加强调模型的深度，具有更多的隐含层。此外，它具有优异的特征提取能力，通过特征的逐层提取，大幅提高模型的准确度。

具有多个隐含层的深度学习网络模型和人脑感知事物的本质十分相似，都是逐层学习并把学习的知识传递给下一层。此方式可以实现对输入信息的分级表达。换而言之，从低层到高层的特征表达会越来越抽象化和概念化，即从低层到高层的信息传递过程中，逐层地进行特征抽象和传递，最终在高层实现特征的整合。因此，高层特征是低层特征的组合。深度学习是一个多层次的学习过程，用较少的隐含层不可能达到与人脑类似的效果。

深度学习的实质是模拟人脑的分层结构，对外部输入的待处理数据进行分层特征表示，实现将低级特征进一步抽象成高级特征。深度学习是一种可以自主学习特征的方

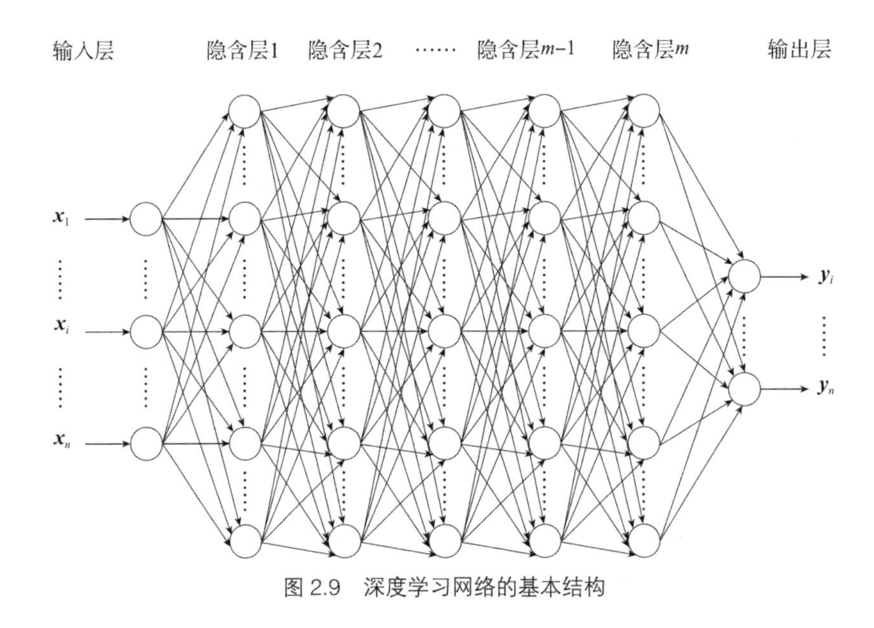

图 2.9　深度学习网络的基本结构

法。准确地说，深度学习首先利用无监督学习对每一层进行特征学习的预训练，每次单独训练一层，并将训练结果作为更高一层的输入，然后到最高层改用监督学习从上到下进行微调。深度学习具有从大量无标注样本中学习数据集本质特征的能力，由于模型的隐含层数较多，表达能力强，因此对大规模数据的特征表达也能得心应手。对于图像和语音具有特征不明显、需要手工设计参数、没有直观物理定义等问题，深度学习也能取得更好的效果。

2.2.2　深度学习的优势

（1）自适应能力

人类大脑有很强的自适应与自组织特性，后天的学习与训练可以开发许多各具特色的活动功能。然而，普通计算机的功能取决于人类编写程序中所包含的既定能力，按照传统的编程模式要求计算机做出模仿智能生物的行为十分困难。深度神经网络是一种更接近于人类大脑信息处理机制的计算机系统，打破了传统计算机线性处理的执行机制，是一个高度非线性的大规模并行处理系统。它能够根据不同的输入调整自身网络权值，从而达到学习的目的，并不断地在学习过程中完善自身，最后达到最佳状态。

（2）自我发展能力

深度神经网络的强大还在于它不仅能够学习知识，还能够发展知识。以阿尔法元（AlphaZero）为例，在仅仅了解游戏规则的前提下，它不需要人类所提供的任何知识，而是通过自我对抗的模式学习，最终击败经过人类智慧训练的阿尔法围棋（AlphaGo）。

（3）无须特征工程

传统的机器学习算法往往需要预先在数据集上进行探索性的特征分析，再对特征进行降维处理，最后选择最佳的特征传递给机器学习算法进行学习。而深度学习不需要这样烦琐的特征工程，完全消除了特征处理阶段的人为提取数据特征的过程，训练时，往往将数据集直接输入网络便可实现良好的性能，或者只对数据集做简单的归一化处理即可。

（4）大数据和计算力

以 AlphaGo 为例，计算机用两周时间学习了 7000 万局棋，也就是说，计算机仅仅用两周时间就完成了对历史上大师们下过所有棋局的学习，随后在与顶级棋手李世石对决前，计算机又与自己下了千万局，最终以 4 ∶ 1 的比分力压人类。因此，以数据的数量作对比，人类最好的棋手一生所下的棋局不过数十万局，而机器却能够在极短的时间内下数十亿局棋，这两项数据是十分不对称的，以一般的经验来看，人类必输无疑。另外，促使计算机能够在如此短的时间内学习到这么多知识的，必然是强大的计算力以及对深度学习算法的优化。

2.2.3　深度学习的应用

近年来，深度学习已经在语音识别和图像识别等方面取得了巨大成就。但是，在曾经很长一段时间内，混合高斯模型因其简单易于训练的特性，长期占据了语音识别领域的头把交椅，但其实质只是一种浅层学习的网络模型，特征状态不能得到充分展现，特征之间相关性无法充分描述，因此其识别效果受到了很大限制。自 2009 年微软与辛顿教授合作后，在 2011 年推出了第一款基于深度学习算法的语音识别系统，这一成果将语音识别领域已有的技术框架彻底颠覆。采用深度神经网络后，通过对样本数据特征的逐层提取，其特征相关性得到了充分表达；同时，底层的特性信息在经过网络的多次抽取后，形成的高维特征也就构成了高层的信息表达，通过高维特征对神经网络的反复训练，语音识别的准确率自然得到大幅度提升。

不仅如此，深度学习一经提出便极大地促进了人工智能的发展，各国科研机构和工业界纷纷投来橄榄枝。在我国，百度公司在 2013 年初成立了深度学习研究院，该研究院下设有深度学习、大数据、硅谷人工智能和机器人与自动驾驶等多个实验室，开始了对深度学习的研究与应用。2017 年 10 月，在阿里云栖大会上，阿里巴巴首席技术官（CTO）张建锋宣布阿里巴巴成立全球研究院——达摩院，这也标志着阿里巴巴创新研究计划（Alibaba Innovative Research，AIR）正式启动，开始了致力于推进计算机科学和相关领域面向实际行业场景的前沿研究。在美国，深度学习在2010年就获得了来自美国国防高级研究计划局（Defense Advanced Research Projects Agency，DARPA）的资助。该局早在20世纪60年代就开始早期人工智能的研究，认为人工智能可以满足大量的国家安全需要，应该作为战略计算项目的一个基本组成部分。2010年，DARPA还启动了心灵之眼（Mind's Eye）项目，旨在为计算机建立视觉智能，可以对照片视频进行形象的推理，定位潜在威胁。

在医学领域中，深度学习已经可以在一定程度上帮助医生对病情做出正确诊断。但是，个别病症存在正常病例数量明显多于阳性病例数量的情况。这种不平衡的数据易使学习过程复杂化并导致诊断出错，特别是对于具有较少代表性示例的类别。有学者引入了一个正则化的深度学习集成框架来解决数据不平衡的多类学习问题，即在先前学习阶段中正确分类的示例，在当下错误分类，正则化会对分类器进行惩罚。结果表明，该方法表现出了良好的分类能力，最大精度提高了24.7%，并且计算效率也得到提升。

可再生能源开发方面，准确的风速预测对实现风力涡轮机的大规模集成，并保证其可靠运行和规划起着至关重要的作用。由于风能的间歇性和随机性，很难获得准确的风速预测。陈（Chen）提出了一种基于方差分析、叠加去噪自编码器（Stack De-noising Automatic Encoder，SDAE）和集成学习的多周期加权子空间拟合（Weighted Subspace Fitting，WSF）模型。方差分析将训练样本分为不同的类别，SDAE作为深度学习架构用于每个类别的无监督特征学习。极端学习机（Extreme Learning Machine，ELM）的集合用于微调SDAE以进行多周期风速预测，其结果指出，与传统的WSF方法相比，所提出的模型具有最佳性能。

随着互联网科技的不断发展，以及智能应用程序自动化的普及，时代的进步却也为恶意软件攻击提供了温床。通过互联网无缝连接各种设备并收集大量数据，不断升级的恶意软件攻击和安全风险是目前亟待解决的大问题。芬卡特拉曼（Venkatraman）提出了一种深度学习可视化方法，用于有效检测恶意软件。其使用图像技术检测系统的可疑行为，研究了基于混合图像的方法在深度学习架构中对恶意软件的分类情况。通过采集恶意软件行为模式的各种相似性，以深度学习架构来测试性能。最后，通过公共和私人收集的大型恶意软件数据集显示，该方法对恶意软件的识别有较高的准确性。

2.2.4 深度学习的网络模型分类

根据训练样本中是否包含标签信息，机器学习可分为监督学习（Supervised Learning）和无监督学习（Unsupervised Learning）。深度学习是机器学习的一个重要分支，因此深度学习中既有监督学习，也有无监督学习。

所谓监督学习，即从给定的训练数据集中学习得到一个函数模型，当新的数据需要预测时，可以根据这个函数模型预测出结果。由图 2.10 所示，监督学习的训练集包括输入数据和与输入数据所对应的标签，且训练集中的标签是人为标注的，监督学习的训练集数学表达为

$$T=\{(x_1, y_1), (x_2, y_2), \cdots\cdots, (x_n, y_n)\} \tag{2.4}$$

式中：T 为训练集；x_1，……，x_n 为输入也是特征；y_1，……，y_n 为输出也是标签。监督学习常用于分类问题和线性回归问题，把已知数据及其对应的标签作为训练样本去训练，从而得到一个最优的模型。此模型属于某个函数的集合或者是某种评价准则下的最优解，再利用此模型，将未知的数据作为输入，则能映射出相应的输出，对输出进行简单的判断，从而实现分类。训练完成后的网络具有对未知数据分类的能力。监督学习的目标是让计算机学习我们已经创建好的分类系统。

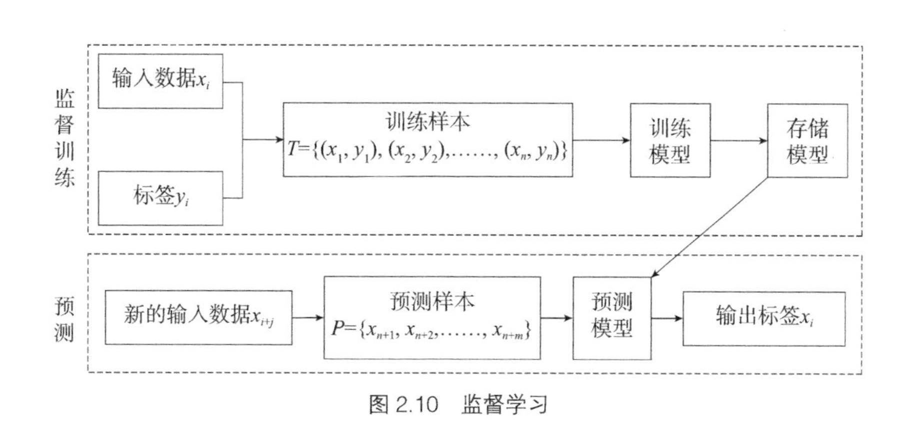

图 2.10　监督学习

所谓无监督学习，即对无标记训练样本的学习来揭示数据的内在规律及性质（图 2.11）。若监督学习的目标是告知计算机怎么做，那么无监督学习的目标则是让计算机自己去学习怎么做。无监督学习寻找数据集中的规律性，这种规律性不仅可以体现为“分类”，还可以为“聚类”。无监督学习的方法主要分为两大类：一是基于概率密度的函数，其原理是设法得到输入数据集在特征空间的分布规律，再进行分类；二是基于样本间相似性的聚类算法，其原理是设法找出不同类别的核心，然后依据样本与核心之间的相似度，将样本聚集成不同的类别。

在基于深度学习理论的众多网络模型中，卷积深度网络是监督学习中非常具有代表性的网络模型，生成式对抗网络是能实现无监督学习的网络模型。本书将主要介绍这两种网络模型。

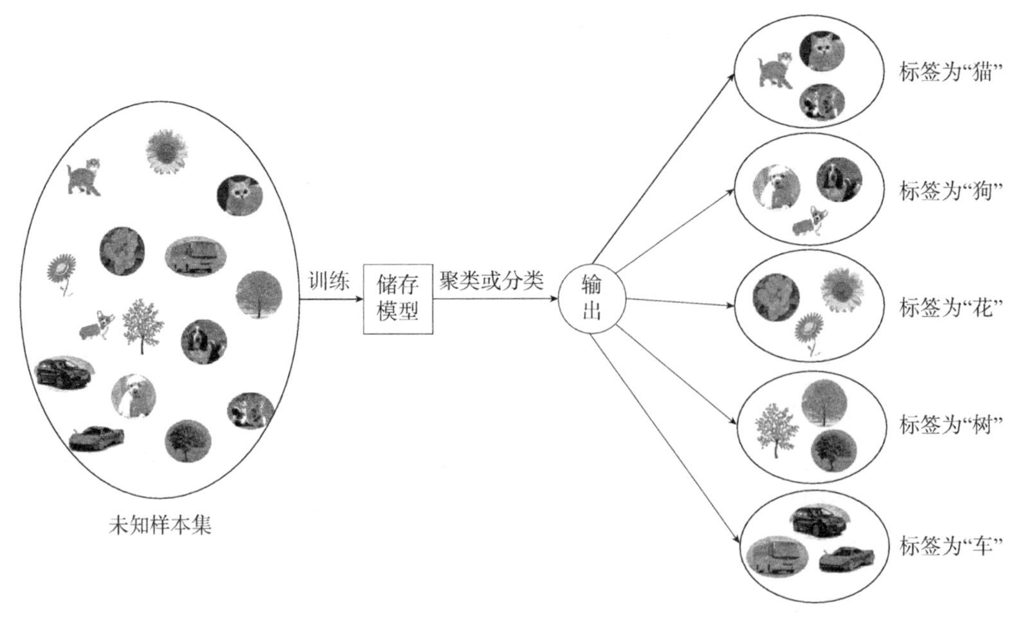

图 2.11　无监督学习

2.3　卷积神经网络

2.3.1　卷积神经网络的发展历史

卷积神经网络（Convolutional Neural Network，CNN）是深度学习的算法之一。其发展大致可分为三个阶段：理论提出阶段、实现模型阶段和深度网络模型阶段。

（1）理论提出阶段。首先在 20 世纪 60 年代，加拿大神经科学家大卫·休伯尔和托斯登·威塞尔在研究猫视觉皮层细胞时，提出了单个神经元的“感受野”概念，并且首次在大脑系统中发现神经网络结构。他们也因在视觉系统中信息处理方面的杰出贡献，获得了 1981 年的诺贝尔生理学或医学奖。生物的大脑在感知信息的过程中，并不是对所有信息进行同时获取，而是对信息中某个特征进行局部感知。在更高层次上，对局部特征进行综合处理，从而得到全局信息（图 2.12）。到 1980 年，基于休伯尔和威塞尔教授的研究成果，日本科学家福岛邦彦（Kunihiko Fukushima）通过模拟生物视觉提出了神经认知机（Neurocognitron），以进行手写体识别及其他模式识别任务（图 2.13）。在该模型中有两种重要的组成单元：S 细胞（S-cells）和 C 细胞（C-cells），神经认知机就是通过这两种单元的交替排列构成的，其中，S 细胞主要用于对输入特征图进行局部特征提取，C 细胞则用于汇合特征并增加容错率，其中下标数字表示网络的

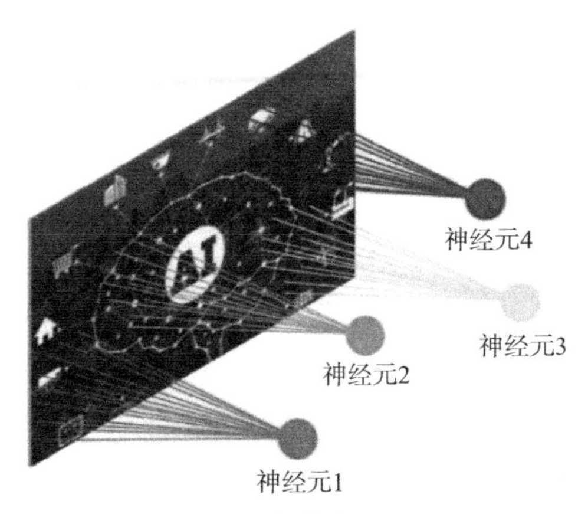

图 2.12　生物学中的感受野

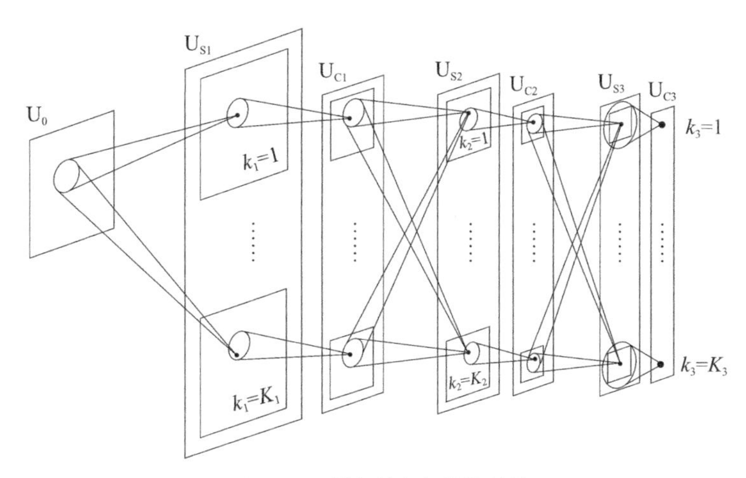

图 2.13　神经认知机网络结构

层数，其他数字表示序号，S 表示 S 细胞层，C 表示 C 细胞层。由于该任务形式和 CNN 的卷积层与池化层基本可以一一对应，因此神经认知机也被公认为是 CNN 的前身。

（2）实现模型阶段。1998 年，杨立昆等提出了第一个正式的 CNN 模型 LeNet-5，其结构如图 2.14 所示。该模型通过交替设置的卷积层和下采样层将原始图像转换为特征图，再对图像的特征表达进行分类。卷积层的卷积核完成了感受野的功能，通过卷积核将低层的局部特征激发到高层。LeNet-5 模型本质是一个多层感知机，区别于传统多层感知机的是 LeNet-5 模型采用了局部链接和权值共享，这不仅减少了权值的数量使得网络易于优化，还减小了模型的复杂度，降低了过拟合的风险。在 20 世纪 90 年代的计算机技术条件下，LeNet-5 的提出是具有里程碑意义的，其在手写数字字符识别领域已经将识别错误率降低至 1%。当时，美国几乎所有的邮政系统都采用了这一模型识别手写邮政编码并进行邮件分拣，因此 LeNet-5 也成为第一个实现商用价值的 CNN 模型，这也奠定了 CNN 在神经网络领域的重要地位。

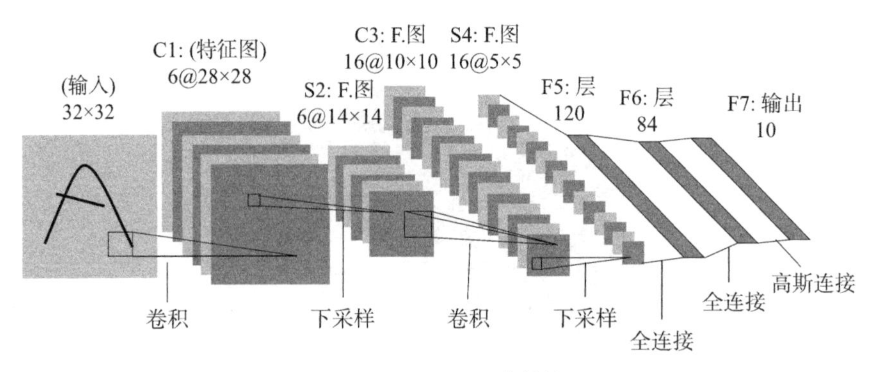

图 2.14　LeNet-5 的结构

（3）深度网络模型阶段。随着深度学习理论的提出以及计算机软件、硬件技术的进步，辛顿等人引入了深层学习理论和丢失数据技术（Dropout）提出了全新的 CNN 模型 Alex-Net，如图 2.15 所示。2012 年，在享有计算机视觉“世界杯”之称的 ImageNet 图像分类竞赛上，Alex-Net 一举击败了东京大学和牛津大学 VGG 团队，以超过第二名近 12% 的傲人成绩夺冠，并且之后的冠军均为 CNN。随后，在改进了激活函数之后，CNN 在 ImageNet 数据集上以 4.94% 的错误率首次超越了人类的 5.1%。随着研究的深入，CNN 的结构也越来越复杂，由最初的 5 层 LeNet-5 模型到 152 层的 Residual Net，个别领域中上千层网络也司空见惯。从结构形式上来看，辛顿教授提出 Alex-Net 模型的基本结构与 LeNet-5 并无本质上的不同，实际真正改变的是硬件设备升级换代，特别是图形处理器（Graphics Processing Unit，GPU）的发展为 CNN 的训练提供了硬件支持。现在，CNN 俨然成为深度学习在计算机视觉、自然语言处理等领域最主要的技术。

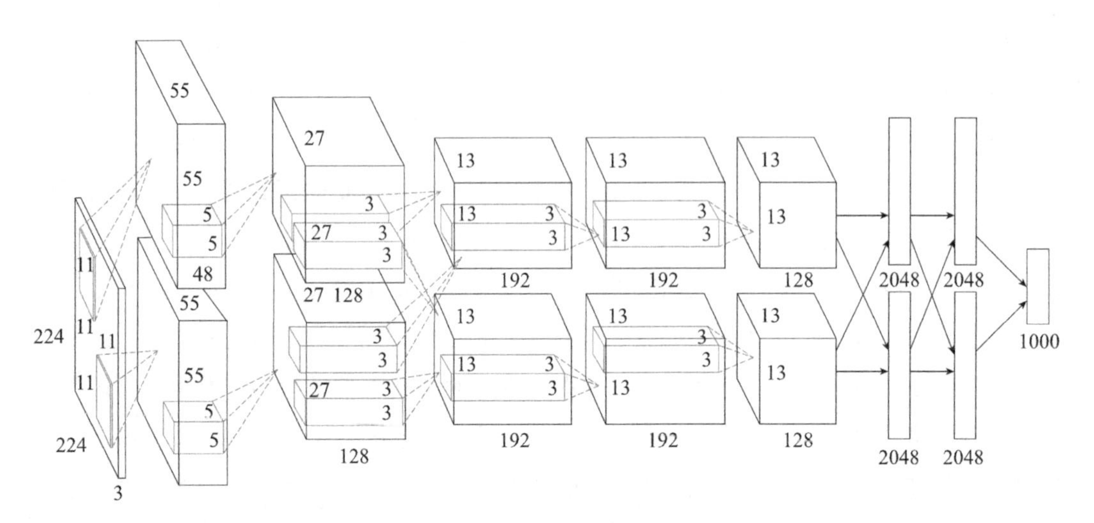

图 2.15　Alex-Net 的结构

2.3.2　卷积神经网络的基本结构

卷积神经网络是典型的前馈神经网络，采用的依然是神经网络经典的层层堆叠结构形式。以 Alex-Net 为例，采用原始数据（如 RGB 图像、原始音频数据等）作为网络的输入，首先通过卷积层（Convolution Layer）和非线性激活将原始信号中包含的损伤信息进行提取和抽象，再通过池化层（Pooling Layer）将提取的信息进行汇合压缩，因此每个卷积层后必然有池化层紧随。在完成了卷积和池化操作后，数据将会被“压扁”，即重新排列成向量形式，再通过全连接的方式继续向前运算，上述整个过程就是前馈运算。最终，CNN 会将分类或回归等目标任务转化成目标函数，通过对比真实值和预测值之间的差距计算损失值（Loss），借助 BP 算法将损失由最后一层向前逐层反馈进而更新权值，这就是反馈运算。通过前馈和反馈运算对权值的不断更新直至收敛，以达到训练网络的目的。

（1）局部感受野与卷积层

卷积操作并非直接对整个输入矩阵进行卷积，而是通过局部感受野对局部区域逐步进行卷积（图 2.16）。休伯尔与威塞尔提出的“感受野”原指动物神经系统中神经元的一种特性。在计算机领域，局部感受野也叫卷积核（Kernel），是 CNN 的核心理论，其定义是 CNN 每一层输出的特征图（Feature Map）上每个像素点在原始图像上映射的区域大小。生物神经科学已发现，在视觉认知过程中，通过对局部信息的提取加工得到更高层次的信息特征，即为局部感受野的概念。为了提高模型预测未知事物的能力，研究人员通过改造卷积操作，使感受野的形状不仅局限于矩形，而是更自由可变的形状，从而扩大卷积和在前层的感受范围，增强了神经网络的预测能力。

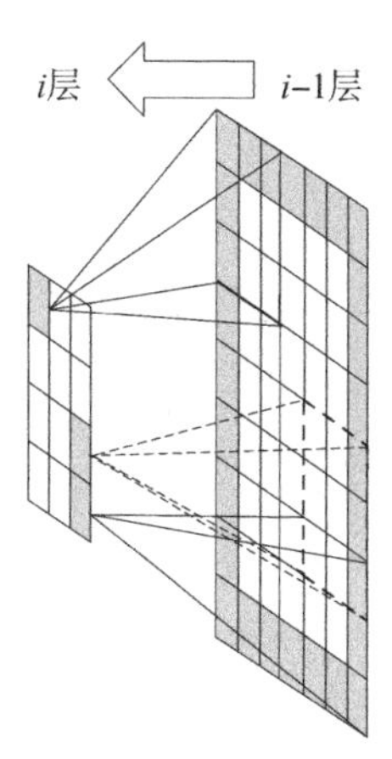

图 2.16　卷积神经网络中的局部感受野

为了模拟局部感受野这一神经科学现象，科学家搭建了卷积层这一数学模型。卷积层最主要的两个特点是局部连接和权值共享。所谓局部连接，就是模拟局部感受野，对信息进行特征提取，学习局部特征。在卷积层中，以上一层输出的特征作为本层的输入，通过输入的特征与卷积核进行卷积，再经过激活函数，便可以得到卷积层的输出。所谓权值共享，就是卷积核对输入数据进行卷积时，每种卷积核的权值均不变，且与所有输入数据共享权值，可以增加卷积核的种类来提取输入信号的多方面特征，通过权值共享可以减少模型复杂程度，使网络更易于训练。卷积操作的数学描述如下：

$$\boldsymbol{X}^l=f\left(\boldsymbol{x}^{l-1}\otimes\boldsymbol{W}^l+\boldsymbol{b}^l\right) \tag{2.5}$$

式中：$\boldsymbol{X}^l$ 表示第 l 层输出值；$\boldsymbol{x}^{l-1}$ 表示第 l–1 层的输入值；$\boldsymbol{W}^l$ 表示第 l 层卷积核的权值；$\boldsymbol{b}^l$ 表示第 l 层的偏移；f（ · ）为第 l 层的激活函数；运算符号“⊗”表示卷积运算符号，是卷积核与第 l–1 层输入值进行卷积操作。

以图 2.17 为例阐述式（2.5），每次卷积时，卷积窗移动的距离为卷积核的滑动步长，卷积窗是输入数据中根据卷积核的大小来确定的一个区域，根据步长的大小，卷积核会逐步地对输入数据的各局部区域进行卷积，把卷积后的各项求和再加上偏置项，便能得到一个未经激活函数处理的输出特征数据，该特征数据再被非线性激活后就形成了卷积层的输出。

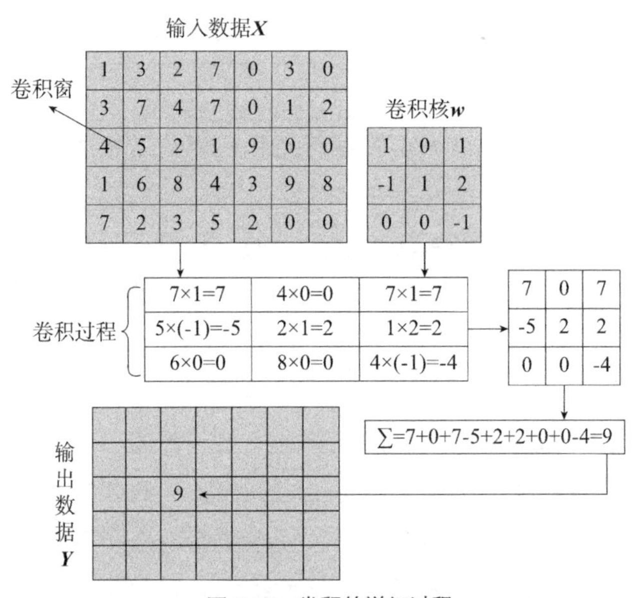

图 2.17　卷积的详细过程

卷积核是一个权值矩阵，卷积核里的元素称为权重。一层卷积层由若干个卷积核组成，卷积核中的权值参数将与输入数据的不同区域作卷积。卷积核内的权值参数，被整个输入数据共享，不会因输入数据中各元素位置的不同，而改变卷积核的权值参数，以此对输入数据进行特征提取。卷积过程分为 Valid 与 Same 两种，卷积核按一定的步长遍历整个输入层，每移动一步计算一个输出（图 2.18）。Valid 与 Same 的卷积过程基本相似，不同之处在于，Same 卷积过程先在输入特征矩阵周围进行“补零”操作，再进行卷积。当滑动步长为 1 时，其尺寸在输出后并未发生改变，而通过 Valid 卷积过程的原输入特征图的尺寸被压缩了。每一个卷积层输出的大小满足如下关系。

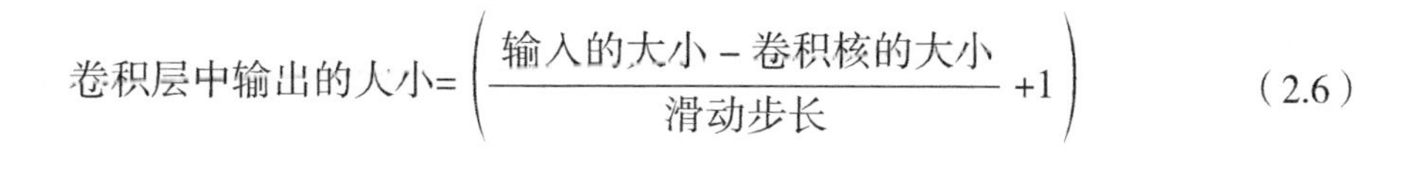

$$卷积层中输出的大小=\left(\frac{输入的大小-卷积核的大小}{滑动步长}+1\right) \tag{2.6}$$

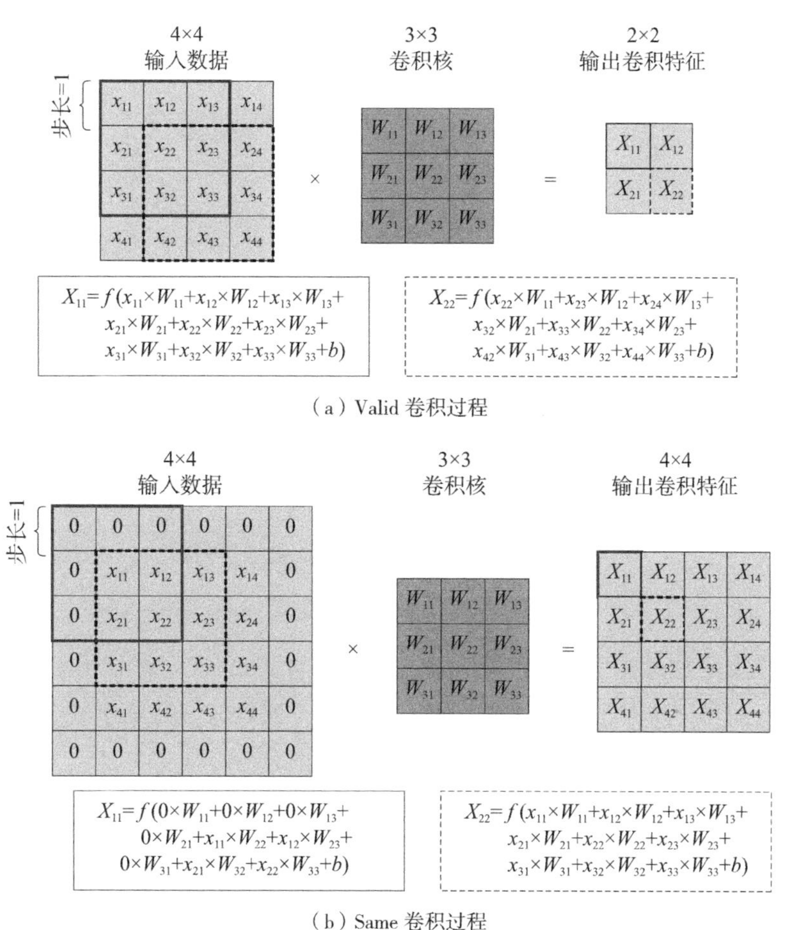

图 2.18　CNN 的卷积过程

（2）池化层

池化层也叫下采样层，是 CNN 的重要组成之一。在机器学习中，随着维度增加、特征值过多，很多机器学习问题就会变得难以求解，这种现象就是"维度灾难"。而发生"维度灾难"最直接的后果就是产生过拟合现象，即模型在训练集上表现良好，但是对新的样本集缺乏数据泛化能力的现象。因此，在处理问题的过程中，我们常常希望在增加信道数量的同时，将输入信息进行压缩得到更为简洁的输出矩阵，从而实现对数据的整合和压缩。池化层的数学表达式为

$$\boldsymbol{Y}_j=f[\boldsymbol{W}_j\,\mathrm{down}(\boldsymbol{y}_{j-1})+\boldsymbol{b}_j] \tag{2.7}$$

式中：$\boldsymbol{Y}_j$ 表示第 j 层输出值；$\boldsymbol{y}_{j-1}$ 表示第 j–1 层的输入值；$\boldsymbol{W}_j$ 表示第 j 层池化仓的权值；$\boldsymbol{b}_j$ 表示第 j 层的偏移；down（·）函数为池化函数。如图 2.19 所示，池化仓通过滑动窗口的方法将输入特征划分为 $n \times n$ 的子矩阵，然后对各子矩阵中的元素进行求最大值或者求均值等操作，最终经过池化层处理后，输出特征相比于输入特征在两个维度上均缩小为原来的 $1/n$。每个池化层输出的大小满足如下关系

$$池化层中输出的大小 = \left(\frac{卷积层中输出的大小}{池化仓的大小}\right) \tag{2.8}$$

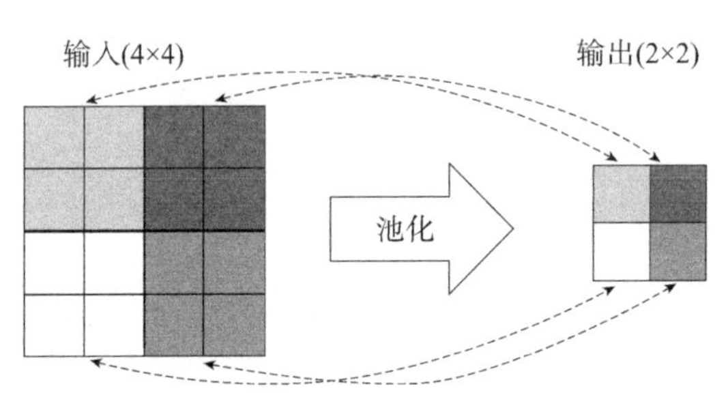

图 2.19　CNN 中的池化过程

池化操作主要分为均值池化和最大值池化两种（图 2.20）。池化层的主要功能是对卷积层中提取的特征进行汇总和压缩，在一定程度上保持特征的尺度不变性，提高泛化能力。

池化层的作用被普遍认为有以下几点特征：

①特征降维

如图 2.19 所示，池化操作完成后的矩阵中的一个元素对应了前输入矩阵中的子区域，因此池化操作对前矩阵进行了维度的约减，从而使模型以较为局限的数据表达出

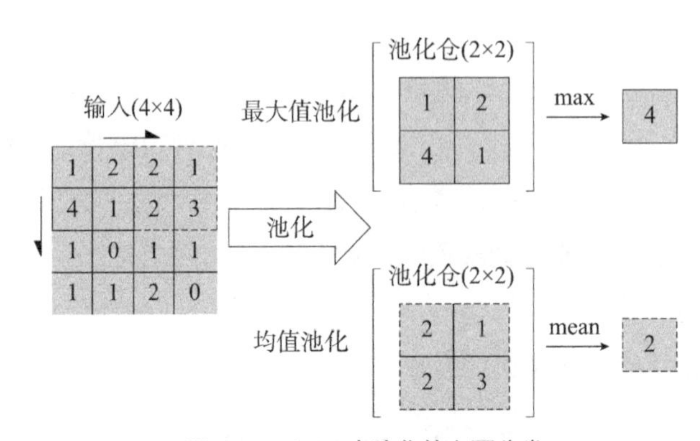

图 2.20　CNN 中池化的主要分类

更为广泛的信息，与此同时减小了下一层输入的矩阵维度，从而降低了参数个数和计算量。

②特征不变性

这种不变性包括了平移、旋转和尺度的不变性，池化使学习到的特征具有更强的泛化能力，能够容忍更复杂的特征变异。因此池化操作使模型更注重于特征的存在与否，而非该特征的具体位置。

③提高泛化能力

在神经网络中，如果所有特征都事无巨细地进行提取和反映，那么模型就缺乏了泛化能力，最直观地度量泛化能力的方式就是模型的过拟合和欠拟合。如图 2.21 所示，在模型训练过程中，如果跨过了最佳能力点，模型的训练误差虽然在一直减小，但是对于泛化误差却呈现出加速扩大的趋势，模型在预测集上的误差也会越来越大。

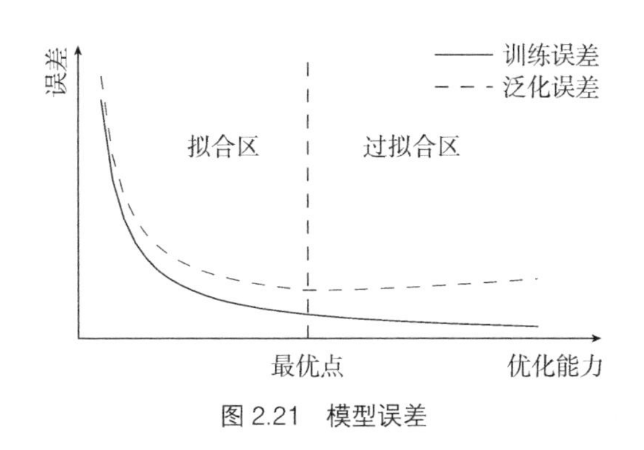

图 2.21 模型误差

(3) 激活函数

激活函数的主要作用是非线性建模能力，在 CNN 中，卷积层、池化层和全连接皆属于线性操作，而线性操作的堆叠只能进行线性映射而无法形成复杂的函数，因此非线性激活函数可以实现模型的非线性映射，从而增强整个网络的表达能力。从生物神经学角度来讲，激活函数模拟的是生物神经元特性，生物神经元通常有一个阈值，当输出信号强度大于这一阈值时，该神经元处于兴奋，否则抑制。

当采用梯度下降（Gradient Descent）算法作为优化网络的主要算法时，激活函数应该具有严格的可微性。在早期人工神经网络中，主要采用 Sigmoid 函数和 tanh 函数，这两种函数输出均是有界的，易于充当下一层网络的输入。但是近年来，ReLU 函数在多层神经网络中的应用较为广泛，其主要在正区间解决了梯度消失问题，同时因其只需判断是否大于零，所以计算速度非常快，而且该函数的收敛速度远快于 Sigmoid 函数和 tanh 函数。

① Sigmoid 函数

Sigmoid 是生物学中常见的 S 形函数，也称为 S 形生长曲线。在计算机科学中，由于其映射区间在 0~1 之间，其输出可以被表示作概率或对输入的归一化处理，适合作为二分类预测结果，常用于逻辑回归问题，因此也称作逻辑回归（Logistic Regression，LR），如式（2.9）所示。作为激活函数，它能使输出产生一定的非线性变化，从而达到微调网络的目的。从图 2.22 中可以看出，该函数光滑可导、严格单调，以点（0，0.5）为中心呈对称分布，当 x 趋于负无穷时，该函数值趋近于 0；x 趋于正无穷时，函数值趋近于 1。因此，函数两端的导数也无限趋近于 0，这种性质被称为饱和性。但是由于其导数非直接等于 0，因此该函数也被称为软饱和函数。这一性质令深度神经网络难以训练，一定程度上阻碍了神经网络的发展。

$$f(x)=\frac{1}{1+e^{-x}} \tag{2.9}$$

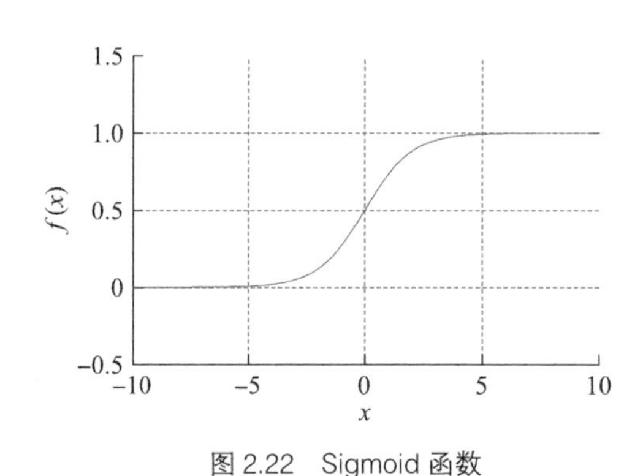

图 2.22　Sigmoid 函数

② tanh 函数

tanh 函数即双曲正切函数，其数学定义为式（2.10），与 Sigmoid 函数相比，其收敛速度较快，减少了计算迭代步数，但是从图 2.23 中可以看出其同样具有软饱和性，易出现梯度消失而造成权值更新缓慢。

$$\tanh x=\frac{\sinh x}{\cosh x}=\frac{e^{x}-e^{-x}}{e^{x}+e^{-x}} \tag{2.10}$$

③ ReLU 函数

线性整流函数（Rectified Linear Unit，ReLU），又称修正线性单元，是人工神经网络中常用的不饱和非线性激活函数，其数学定义为式（2.11），函数图像如图 2.24（a）所示。ReLU 函数是一个分段函数，当 $x>0$ 时，其因变量与自变量的值相等，即输入为

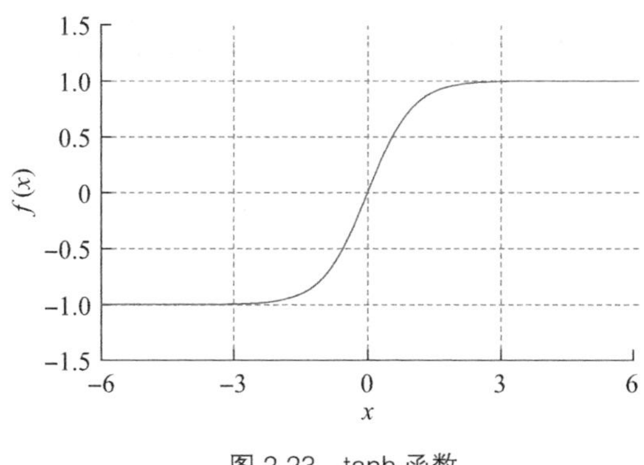

图 2.23　tanh 函数

正数时，输出导数为 1，缓解了梯度消失问题；当 $x<0$ 时，因变量恒为 0，即输入为负数时，神经元不更新，为网络带来稀疏性。相较于 sigmoid 函数和 tanh 函数，ReLU 函数最大的优点在于有效缓解了梯度消失的问题，其收敛更快速，导数简单，容易计算，还具有稀疏性，使得计算成本显著降低。

$$f(x)=\max(0,x)=\begin{cases}0 & x\leqslant 0\\ x & x>0\end{cases} \tag{2.11}$$

为了解决输入为负数时神经元不更新的问题，计算机科学家们提出了相应的改进，提出了 Leaky ReLU 激活函数，其数学定义为式（2.12），函数图像如图 2.24（b）所示。

$$f(x)=\max(\alpha x,x)=\begin{cases}\alpha x & x\leqslant 0\\ x & x>0\end{cases} \tag{2.12}$$

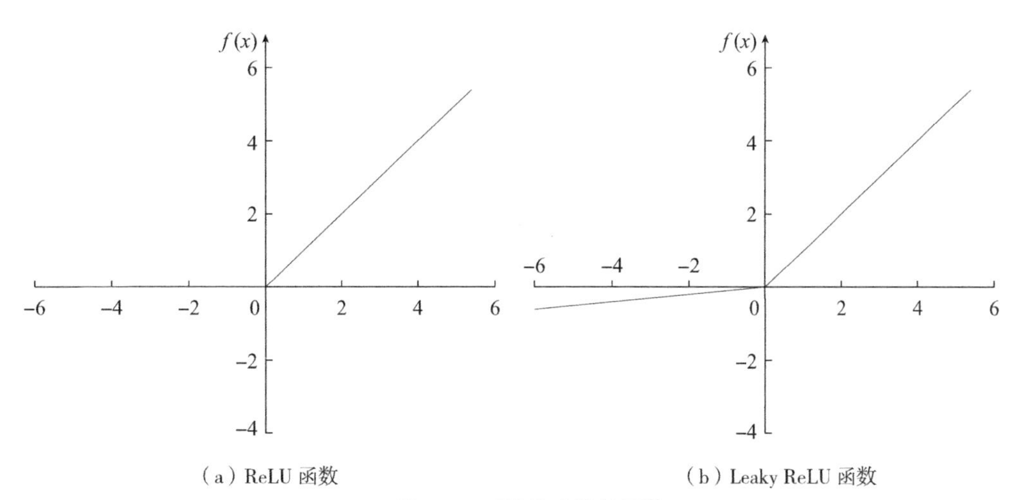

图 2.24　不饱和非线性函数

相比 Sigmoid 和 tanh 等传统神经网络激活函数，ReLU 函数具有以下优势：首先，在仿生生物学方面，ReLU 神经元是一个更逼真的生物神经元模型，尽管在原点非线性且不可导，却具有比 tanh 网络更好的性能，通过生物神经科学研究发现生物神经元的信息编码通常是分散且稀疏的，格鲁特（Glorot）等创建了具有零点的稀疏表示，并指出该表示非常适合于自然稀疏的数据，并且可以缩小在有无监督预训练的情况下学习的神经网络之间的性能差距；其次，ReLU 函数有效地避免了梯度消失和梯度爆炸问题，在通过梯度下降和 BP 算法进行权值更新时明显优于 Sigmoid 函数；最后，ReLU 函数的导数简单易计算，同时其分散稀疏性使计算成本显著降低。

（4）全连接层

CNN 的全连接层即人工神经网络层，在通过一系列的卷积和池化操作后，已经完成了对输入数据的特征提取，因此将通过全连接层根据提取到的特征来拟合一个分类函数，其核心操作如式（2.13）所示。

$$\boldsymbol{y}=\boldsymbol{W}\boldsymbol{x} \tag{2.13}$$

式中：$\boldsymbol{x}$ 表示该层的输入（即前层的输出）；$\boldsymbol{y}$ 表示该层未激活的输出；$\boldsymbol{W}$ 表示权值。

如果将卷积池化操作比作“特征提取器”，那么全连接层就是整个神经网络的“分类器”，可以整合卷积层和池化层中具有分类特征的局部信息。与多层神经网络相似，全连接层中的每个神经元均与前层神经元连接，如图 2.25 所示为全连接层模型。图中，$\boldsymbol{W}$ 为全连接参数也称为权值；i、j 分别表示行数和列数；l 表示层数；$\boldsymbol{X}$ 为输入。

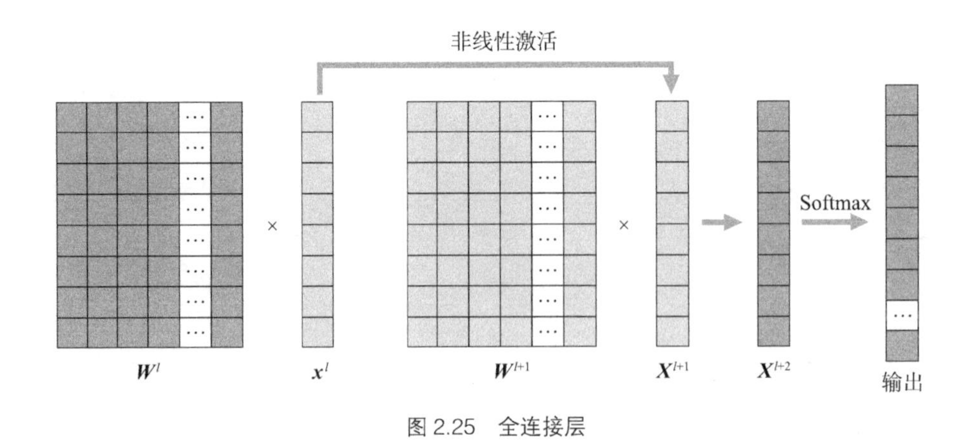

图 2.25　全连接层

Softmax 函数是神经网络在多分类任务中最常用的分类函数，数学表达如式（2.14），其实质是一种归一化的概率分布表达式。

$$p[\boldsymbol{y}^{(i)}=j|\boldsymbol{x}^{(i)};\boldsymbol{\theta}]=\frac{e^{\theta_j^{\mathrm{T}}x^{(i)}}}{\sum_{l=1}^{k}e^{\theta_l^{\mathrm{T}}x^{(i)}}} \tag{2.14}$$

式中：i 表示训练集中第 i 个训练样本；j 表示分类标签中的第 j 个标签；$\boldsymbol{\theta}$ 表示训练模型参数；$\boldsymbol{\theta}_j^{\mathrm{T}}\boldsymbol{x}^{(i)}$ 是 Softmax 层的输入。由于该函数可以使输出标准化，对于第 i 个样本，等式右边所有分类标签的概率和总为 1。换句话说，Softmax 返回的是该样本在每个独立标签下概率值。

经过 Softmax 操作后，其输出是神经网络的预测值，由于权重 $\boldsymbol{\theta}$ 的初值是由系统随机指定的，所以最初 Softmax 的预测值与实际值通常是不一致的，为了衡量预测值与实际值的差距，引入了代价函数

$$J(\theta)=-\frac{1}{m}[\sum_{i=1}^{m}\sum_{j=1}^{k}1\{y^{(i)}=j\}\lg\frac{e^{\theta_j^{\mathrm{T}}x^{(i)}}}{\sum_{l=1}^{k}e^{\theta_l^{\mathrm{T}}x^{(i)}}}]+\frac{\lambda}{2}\sum_{i=1}^{k}\boldsymbol{\theta}_i^2 \tag{2.15}$$

式中：$\boldsymbol{x}^{(i)}$ 表示训练集的第 i 个输入向量；j 表示分类标签中的第 j 个标签；k 为分类标签总数；$y^{(i)}$ 表示第 i 个输入向量对应的实际分类标签；θ 表示训练模型参数；m 为样本数；$1\{\cdot\}$ 为逻辑函数，如果预测的类别与实际相同则返回 1，否则返回 0；λ 为权重衰减项，用于惩罚过大的参数值。

预测值与实际值之差越大时，对应的代价函数也越大。因此，通过最小化代价函数的方式优化模型参数就能达到训练网络的目的。但对于其最小化问题，目前还没有闭式解法，因此采用了迭代优化算法。

（5）防过拟合层

过拟合是指网络模型在训练过程中，参数过度拟合训练数据集，从而影响到模型在预测数据集上的泛化性能的现象。在模型的训练过程中，随着优化能力不断提升，模型的训练误差虽然一直在减小，但是泛化误差却呈现出先减小后增大的趋势，此拐点称为最优点，最优点之前的区域称为拟合区，最优点之后的区域称为过拟合区。

为了解决过拟合问题，辛顿教授提出，全连接层采用正则化方法 Dropout 技术，通过此技术使隐含层中的部分节点失效，这些节点不参与 CNN 的前向传播和误差反向传播。Dropout 技术的原理是通过增加网络连接的稀疏性或者随机性来消除过拟合，如图 2.26 所示。Dropout 技术的主要作用是防止网络过拟合以及提高网络泛化能力。

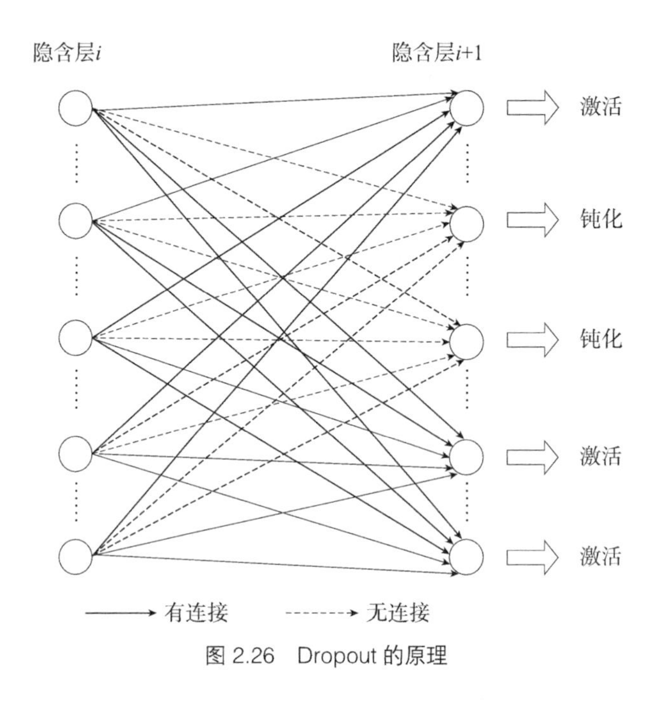

图 2.26 Dropout 的原理

2.3.3 反向传导算法

与支持向量机等其他机器算法相同，CNN 以及其他深度学习模型都依赖于最小化损失函数来达成学习的目的，即对式（2.15）进行最小化操作。从优化理论角度分析，凸优化是应用最为广泛的优化问题，凸优化问题主要满足式（2.16）与式（2.17）所示条件。

$$\lambda x+(1-\lambda)y \in X \qquad \text{对于任意的}\lambda \in (0, 1) \tag{2.16}$$

$$f[\lambda x+(1-\lambda)y] \leqslant \lambda f(x)+(1-\lambda)f(y) \tag{2.17}$$

但是在神经网络理论中，模型非但不是凸型函数而且还非常复杂，因此优化求解的难度被大大增加。为了解决这一难题，深度学习模型采用随机梯度下降和反向传导算法进行权值的更新，有效地对其进行了训练。

（1）链式法则

在机器学习算法中，最终需要优化的值为损失函数的值这一标量，从向量到标量的传递关系为 $\boldsymbol{x}\to\boldsymbol{y}\to z$，过程中会出现维度混乱而无法计算，式（2.18）所示的向量链式法则并不适用。

$$\frac{\partial z}{\partial \boldsymbol{x}}=\frac{\partial z}{\partial \boldsymbol{y}}\frac{\partial \boldsymbol{y}}{\partial \boldsymbol{x}} \tag{2.18}$$

为了克服这一问题，将标量的求导部分做转置运算，如式（2.19）所示。

$$\left(\frac{\partial z}{\partial \boldsymbol{x}}\right)^{\mathrm{T}}=\left(\frac{\partial z}{\partial \boldsymbol{y}}\right)^{\mathrm{T}}\frac{\partial \boldsymbol{y}}{\partial \boldsymbol{x}} \tag{2.19}$$

再对式（2.19）整体做转置运算，就得到了标量对向量求导的基本法则，如式（2.20）所示。

$$\frac{\partial z}{\partial \boldsymbol{x}}=\left(\frac{\partial \boldsymbol{y}}{\partial \boldsymbol{x}}\right)^{\mathrm{T}}\frac{\partial z}{\partial \boldsymbol{y}} \tag{2.20}$$

当中间求导向量较多时其链式法则可以表达为式（2.21）。

$$\frac{\partial z}{\partial \boldsymbol{y}_1}=\left(\frac{\partial \boldsymbol{y}_n}{\partial \boldsymbol{y}_{n-1}}\frac{\partial \boldsymbol{y}_{n-1}}{\partial \boldsymbol{y}_{n-2}}\cdots\frac{\partial \boldsymbol{y}_2}{\partial \boldsymbol{y}_1}\right)^{\mathrm{T}}\frac{\partial z}{\partial \boldsymbol{y}_n} \tag{2.21}$$

从理论上来讲，这种向量的链式法则在矩阵中同样适用，但是在式中会存在矩阵对矩阵求导的情况，因此并不实用。在机器学习领域，最常见的标量对矩阵求导问题为：$z=f(\boldsymbol{Y})$。其中，$\boldsymbol{Y}=\boldsymbol{W}\boldsymbol{X}+\boldsymbol{B}$，求 $\partial z/\partial \boldsymbol{X}$，其过程可以定义为式（2.22）。

$$\frac{\partial z}{\partial x_{ij}}=\sum_{k,l}\frac{\partial z}{\partial Y_{kl}}\frac{\partial Y_{kl}}{\partial X_{ij}} \tag{2.22}$$

式中，i 和 j、k 和 l 分别为 $\boldsymbol{X}$ 与 $\boldsymbol{Y}$ 的维度。

$\partial Y_{kl}/\partial X_{ij}$ 矩阵对矩阵求导的部分可以看作式（2.23），其中，δ_{lj} 在 $l=j$ 时为 1，否则为 0。

$$\frac{\partial Y_{kl}}{\partial X_{ij}}=\frac{\partial\sum_{s}(A_{ks}X_{sl})}{\partial X_{ij}}=\frac{\partial A_{ki}}{\partial X_{ij}}=A_{ki}\delta_{li} \tag{2.23}$$

将式（2.23）代入式（2.22），可得式（2.24）

$$\frac{\partial z}{\partial \boldsymbol{X}}=\boldsymbol{A}^{\mathrm{T}}\frac{\partial z}{\partial \boldsymbol{Y}} \tag{2.24}$$

（2）深度神经网络反向传导算法

在深度神经网络（Deep Neural Networks，DNN）中，输入数据前需先进行如式（2.25）与式（2.26）所示前向传导并计算损失函数 $J(\boldsymbol{W},\boldsymbol{b};x,y)$，再根据损失函数计算残差，如式（2.27）所示，开始反向传导。

$$\boldsymbol{a}^l=\sigma(\boldsymbol{W}^l\boldsymbol{z}^l+\boldsymbol{b}^l) \tag{2.25}$$

$$\boldsymbol{z}^l=\boldsymbol{W}^{l-1}\boldsymbol{a}^{l-1}+\boldsymbol{b}^{l-1} \tag{2.26}$$

$$\boldsymbol{\delta}^l=\frac{\partial J(\boldsymbol{W},\boldsymbol{b})}{\partial \boldsymbol{z}^l}=\frac{\partial J(\boldsymbol{W},\boldsymbol{b})}{\partial \boldsymbol{a}^l}\cdot\frac{\partial \boldsymbol{a}^l}{\partial \boldsymbol{z}^l}=\frac{\partial J(\boldsymbol{W},\boldsymbol{b})}{\partial \boldsymbol{a}^l}\odot\sigma(\boldsymbol{z}^l) \tag{2.27}$$

式中：$\boldsymbol{\delta}^l$ 为输出层 l 的残差项；J 为损失函数；（$\boldsymbol{W}$，$\boldsymbol{b}$）为权值参数；$\boldsymbol{a}^l$ 为网络的输出标签；$\boldsymbol{z}^l$ 表示未激活值；σ 表示 Sigmoid 激活函数；$\odot$表示 Hadamard 乘积。

由于式（2.27）已经求出了输出层的残差值，根据反向传播原理，当前层残差是前层所有神经元残差的复合函数，满足式（2.18）所示的链式法则，因此可以写出任一层神经网络的残差表达式为

$$\boldsymbol{\delta}^l=\frac{\partial J(\boldsymbol{W},\boldsymbol{b};\boldsymbol{x},\boldsymbol{y})}{\partial \boldsymbol{z}^l}=\left(\frac{\partial \boldsymbol{z}^l}{\partial \boldsymbol{z}^{l-1}}\frac{\partial \boldsymbol{z}^{l-1}}{\partial \boldsymbol{z}^{l-2}}\cdots\frac{\partial \boldsymbol{z}^l}{\partial \boldsymbol{z}^{l-1}}\right)^{\mathrm{T}}\frac{\partial J(\boldsymbol{W},\boldsymbol{b};x,y)}{\partial \boldsymbol{z}^l} \tag{2.28}$$

通过数学归纳法可知第 l+1 层残差和第 l 层残差的关系，如下式所示

$$\boldsymbol{\delta}^l=\frac{\partial J(\boldsymbol{W},\boldsymbol{b};\boldsymbol{x},\boldsymbol{y})}{\partial \boldsymbol{z}^l}=\left(\frac{\partial \boldsymbol{z}^{l+1}}{\partial \boldsymbol{z}^l}\right)^{\mathrm{T}}\frac{\partial J(\boldsymbol{W},\boldsymbol{b};\boldsymbol{x},\boldsymbol{y})}{\partial \boldsymbol{z}^{l+1}}=\left(\frac{\partial \boldsymbol{z}^{l+1}}{\partial \boldsymbol{z}^l}\right)^{\mathrm{T}}\boldsymbol{\delta}^{l+1} \tag{2.29}$$

对于上式，求解$\frac{\partial \boldsymbol{z}^{l+1}}{\partial \boldsymbol{z}^l}$就能得到前层残差

$$\frac{\partial \boldsymbol{z}^{l+1}}{\partial \boldsymbol{z}^l}=\frac{\partial \boldsymbol{z}^{l+1}}{\partial \boldsymbol{a}^l}\cdot\frac{\partial \boldsymbol{a}^l}{\partial \boldsymbol{z}^l} \tag{2.30}$$

将式（2.25）代入式（2.30）可得

$$\boldsymbol{\delta}^l=\mathrm{diag}[\sigma(\boldsymbol{z}^l)](\boldsymbol{W}^{l+1})^{\mathrm{T}}\boldsymbol{\delta}^{l+1}=(\boldsymbol{W}^{l+1})^{\mathrm{T}}\boldsymbol{\delta}^{l+1}\odot\sigma(\boldsymbol{z}^l) \tag{2.31}$$

式中：diag（·）函数用于构造对角矩阵。

根据残差的传递性，损失函数权值的复合函数，因此权值和偏置的梯度表达式可以表达为式（2.32）与式（2.33）

$$\frac{\partial J(\boldsymbol{W},\boldsymbol{b})}{\partial \boldsymbol{W}^l}=\frac{\partial J(\boldsymbol{W},\boldsymbol{b})}{\partial \boldsymbol{z}^l}\cdot\frac{\partial \boldsymbol{z}^l}{\partial \boldsymbol{W}^l}=\boldsymbol{\delta}^l\cdot\frac{\partial(\boldsymbol{W}^l\boldsymbol{a}^{l-1}+\boldsymbol{b}^l)}{\partial \boldsymbol{W}^l}=\boldsymbol{\delta}^l\cdot\boldsymbol{a}^{l-1} \tag{2.32}$$

$$\frac{\partial J(\boldsymbol{W},\boldsymbol{b})}{\partial \boldsymbol{b}^l}=\frac{\partial J(\boldsymbol{W},\boldsymbol{b})}{\partial \boldsymbol{z}^l}\cdot\frac{\partial \boldsymbol{z}^l}{\partial \boldsymbol{b}^l}=\boldsymbol{\delta}^l\cdot\frac{\partial(\boldsymbol{W}^l\boldsymbol{a}^{l-1}+\boldsymbol{b}^l)}{\partial \boldsymbol{b}^l}=\boldsymbol{\delta}^l \tag{2.33}$$

（3）CNN 反向传导算法

由于 CNN 池化对输入数据进行了压缩，在反向传递残差的过程中首先需要把所有池化后的矩阵退化成原矩阵大小，根据池化类型的不同退化操作也有相应的变化。已知 $\boldsymbol{\delta}^l$ 为池化层的残差值，反推上层网络的残差 $\boldsymbol{\delta}^{l-1}$。对于最大值池化，选择原矩阵池化区域最大值的单元接收所有残差 $\boldsymbol{\delta}^l$；对于均值池化，则均匀地将 $\boldsymbol{\delta}^l$ 分配到原矩阵池化区域的每个元素中，这个过程被称为上采样（upsample），如式（2.34）所示。

$$\boldsymbol{\delta}^{l-1}=\text{upsample}(\boldsymbol{\delta}^{l})\odot\sigma(z^{l-1}) \tag{2.34}$$

卷积层中的 BP 算法其实质与 DNN 类似，区别在于对含卷积操作的函数求导时，卷积核被旋转了 180°。假设卷积层表达式为 $\boldsymbol{a}^{l-1}\boldsymbol{W}^{l}=\boldsymbol{Z}^{l}$，其中，$\boldsymbol{a}^{l-1}$ 为第 l–1 层的输出；$\boldsymbol{W}^{l}$ 为卷积核，$\boldsymbol{Z}^{l}$ 为输出矩阵。因此卷积层中的残差表达如式（2.35）所示。

$$\boldsymbol{\delta}^{l-1}=\left(\frac{\partial \boldsymbol{z}^{l}}{\partial \boldsymbol{z}^{l-1}}\right)^{\mathrm{T}}\boldsymbol{\delta}^{l}=\boldsymbol{\delta}^{l}\times\text{rot180}(\boldsymbol{W}^{l})\odot\sigma(\boldsymbol{Z}^{l-1}) \tag{2.35}$$

式中，rot（·）函数用于将矩阵翻转 180°，即上下翻转一次再左右翻转一次。

在求得卷积层残差 $\boldsymbol{\delta}^{l}$ 后，根据卷积层中前馈运算关系可求得权值 W 和偏置项 b 的梯度

$$\frac{\partial J(\boldsymbol{W},\boldsymbol{b})}{\partial \boldsymbol{W}^{l}}=\frac{\partial J(\boldsymbol{W},\boldsymbol{b})}{\partial \boldsymbol{z}^{l}}\frac{\partial \boldsymbol{z}^{l}}{\partial \boldsymbol{W}^{l}}=\boldsymbol{\delta}^{l}\times\boldsymbol{a}^{l-1} \tag{2.36}$$

$$\frac{\partial J(\boldsymbol{W},\boldsymbol{b})}{\partial \boldsymbol{b}^{l}}=\sum_{u,v}(\boldsymbol{\delta}^{l})_{u,v} \tag{2.37}$$

完成残差和梯度的计算后，即可采用如下公式更新模型参数

$$\boldsymbol{W}^{l}=\boldsymbol{W}^{l}-\alpha\sum_{i=1}^{m}\boldsymbol{\delta}^{i,l}\cdot\boldsymbol{a}^{i,l-1} \tag{2.38}$$

$$\boldsymbol{b}^{l}=\boldsymbol{b}^{l}-\alpha\sum_{i=1}^{m}\sum_{u,v}(\boldsymbol{\delta}^{i,l})_{u,v} \tag{2.39}$$

2.4　深度卷积生成式对抗网络

2.4.1　生成式对抗网络的基本思想

生成式对抗网络（Generative Adversarial Networks，GAN）是深度学习中的算法之一，由加拿大蒙特利尔大学的古德菲勒（Goodfellow）于 2014 年提出，被业界誉为近年来人工智能领域最具前景的突破，在特征提取与数据生成方面有突出的优势。

生成式对抗网络的主要结构由相互博弈的生成器（Generative Model）和判别器（Discriminative Model）构成（图 2.27）。GAN 的本质是生成器和判别器零和博弈的过程，

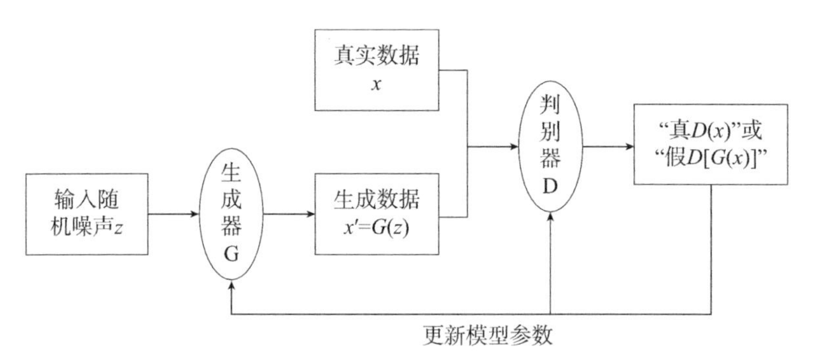

图 2.27　生成式对抗网络的基本结构

两个网络的协调运行是以精确拟合真实数据的分布规律为基础，通过生成器和判别器相互博弈，最终达到纳什均衡。此时，生成器学习到了真实数据的分布规律，并具有了以假乱真的生成能力，判别器具有了极强的甄别能力。

2.4.2　生成式对抗网络的算法原理

（1）生成器和判别器的工作机理

生成器的目的是学习真实数据的潜在分布规律，并逐渐生成与真实数据十分接近的模拟数据。判别器的目的是判定输入数据是真实数据还是基于真实数据衍生出的模拟数据，并逐渐缩小真实数据与模拟数据之间的差异。如图 2.27 所示，为了学习真实数据 x 的分布规律，生成器首先定义输入的噪声变量 z，再将其输入到生成器 G 中，生成符合生成器分布规律的数据 $x'=G(z)$，然后把真实数据 x 和生成数据 x' 输入到判别器 D 中，判别器会根据自有的判定规则对输入的真实数据 x 和生成数据 x' 进行判定，得到判定真假的概率 $D(x)$ 和 $D[G(z)]$，最后根据 GAN 的优化目标函数反馈给生成器和判别器进行参数更新，从而完成生成器和判别器的一轮训练。

（2）GAN 的目标优化函数

GAN 不断地优化参数，使生成器和判别器都能达到最优状态。对于判别器，其目的是分辨真实数据与生成数据，需要准确预测出真实数据为真、生成数据为假，因此优化目标需使 $D(x)$ 值趋近于真，同时还得将 $D[G(z)]$ 值趋近于假。对于生成器，其目的是使生成数据无限接近于真实数据，即是使 $D[G(z)]$ 值趋近于真，因此，GAN 的优化目标函数可写为

$$\mathrm{GAN}=\min_{G}\max_{D}V(D,G) \tag{2.40}$$

$$V(D,G)=E_{x\sim P_{\text{data}}(x)}\left[\lg D(x)\right]+E_{z\sim P_{\text{noise}}(z)}\left\{\lg[1-D(G(z))]\right\} \tag{2.41}$$

式中：$V(\cdot)$ 为目标函数；$E[\cdot]$ 为函数的期望；$P_{\text{data}(x)}$ 为真实样本的分布；$P_{\text{noise}(z)}$ 为噪声分布；$D(x)$ 是判别器评价真实数据为真的概率；$D(G(z))$ 是判别器评价生成数据为假的概率。

（3）GAN 的训练

生成器 G 与判别器 D 是两个完全独立的网络模型，训练这两个模型的方法是交替迭代优化训练，先优化判别器 D，再优化生成器 G，本质上是两个优化问题，则可将式（2.41）拆解为式（2.42）和式（2.43）进行交替迭代优化。

优化判别器 D：

$$\max_D V(D,G)=E_{x\sim P_{\text{data}}(x)}\left[\lg D(x)\right]+E_{z\sim P_{\text{noise}}(z)}\left\{\lg[1-D(G(z))]\right\} \tag{2.42}$$

优化生成器 G：

$$\min_G V(D,G)=E_{z\sim P_{\text{noise}}(z)}\left\{\lg[1-D(G(z))]\right\} \tag{2.43}$$

通过不断的训练与迭代，最终生成器生成的数据足够以假乱真，判别器已不能分辨出真实数据与生成数据。在此状态下，可以认为判别器和生成器达到纳什均衡，处于最优状态，此时生成器具有强大的生成能力，判别器也具有极强的甄别能力。

2.4.3　深度卷积生成式对抗网络

经典的 GAN 在训练中存在生成结果质量不佳、训练不稳定、模式崩溃等问题。为了解决上述问题，许多学者对 GAN 进行了改进，如网络结构优化、损失函数优化、训练方法优化等。2016 年拉德福德（Radford）等提出了基于深度卷积的生成式对抗网络（Deep Convolutional Generative Adversarial Networks，DCGAN），该网络对生成器和判别器的网络结构进行了优化，利用卷积深度网络强大的特征提取能力来提高生成数据的质量，缓解 GAN 训练不稳定的问题。目前，生成式对抗网络以及改进网络已被广泛应用于图像生成、风格迁移、语音识别和图像转换等领域。

深度卷积生成对抗网络是 GAN 的一种典型的改进模型，将有监督学习中的 CNN 和无监督学习中的 GAN 相结合。即将局部感知野的思想运用到了生成器与判别器中，采用卷积层、反卷积层与批标准化层（Batch Normalization，BN）的连接，替代原始 GAN 生成器和判别器中的全连接层，其 DCGAN 的基本结构如图 2.28 所示。DCGAN 相较于 GAN 的优点在于生成的数据更加接近真实样本，训练完成的判断器更具甄别能力，加快

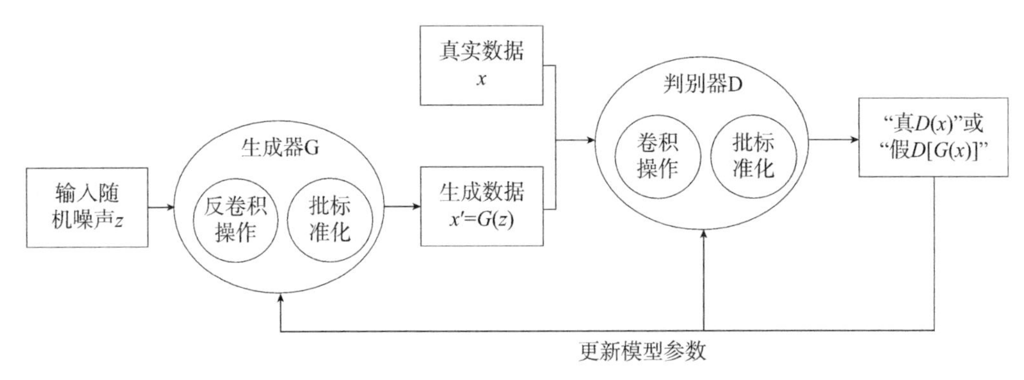

图 2.28　DCGAN 中的基本结构

了网络模型的训练速度、加强了网络模型的稳定性。

原始 GAN 的判别器和生成器由两个全连接网络组成，DCGAN 将 GAN 的判别器替换成了卷积深度网络，将生成器替换成了反卷积深度网络，提高了样本的质量和训练的稳定性。

（1）DCGAN 中的卷积

在判别器中，采用卷积技术来实现对真实数据或生成数据的特征提取，可以实现高维数据的低维特征提取。如图 2.29 所示，对于输入的 $m \times m$ 的原始数据，通过 $a \times a$ 的卷积核进行卷积计算，在保持特征信息不丢失的前提下将原有矩阵压缩成 $n \times n$ 的矩阵。卷积核是卷积层的参数矩阵，与输入数据的不同区域进行矩阵乘积，得到对应区域的特征数据。卷积核遍历数据的所有区域，得到所有区域的特征值，输出特征矩阵。DCGAN 中卷积计算的数学描述如下

$$\boldsymbol{N}=\boldsymbol{C}\otimes\boldsymbol{M}+b \tag{2.44}$$

式中：$\boldsymbol{M}$ 表示为输入矩阵；$\boldsymbol{N}$ 表示为输出矩阵；$\boldsymbol{C}$ 为卷积核的稀疏矩阵；$\otimes$ 为卷积运算；b 为阈值项。

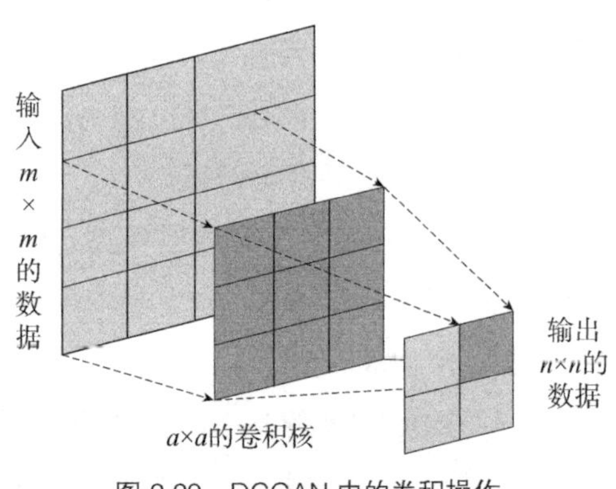

图 2.29　DCGAN 中的卷积操作

（2）DCGAN 中的反卷积

在生成器中，需利用一维噪声数据来生成所需要的样本数据，并还原其数据特征，则需采用反卷积技术。反卷积技术是卷积技术的逆过程，它是将低维特征反映射成高维数据，并保证数据的特征信息不丢失。它也是卷积过程的反向传播，如图 2.30 所示，反卷积计算的本质依然是卷积计算，只是在卷积核遍历输入数据的计算之前，会进行一个矩阵补“0”的操作，从而使得输出的矩阵与指定矩阵的大小相同。DCGAN 中反卷积计算的数学描述如下

$$\boldsymbol{N}=\boldsymbol{C}^{\mathrm{T}}\otimes\boldsymbol{M}+b \tag{2.45}$$

式中：$\boldsymbol{C}^{\mathrm{T}}$ 为卷积核稀疏矩阵的转置矩阵。

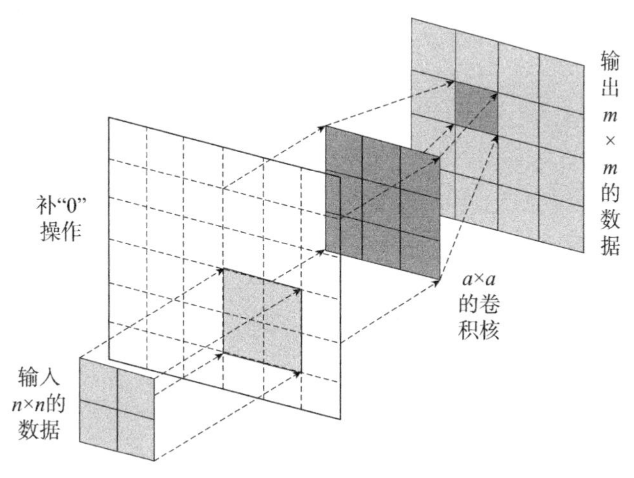

图 2.30　DCGAN 中反卷积操作

（3）批标准化层

在层数较深的 DCGAN 网络中，若初始输入数据过小，将会导致前向传播的数据越来越小，数据传递到最后将趋向于 0，反向传播求梯度时，梯度可能会消失，使模型无法训练；若初始输入数据过大，前向传播会使数据越来越大，反向传播求梯度时，梯度可能会爆炸，同样不利于训练。因此，在生成器与判别器的每一个隐含层中，卷积层或反卷积层后通常都连接着批标准化层。批标准化的基本思路是把数据均一化到 0 附近，让数据满足均值为 0，方差为 1 的正态分布。批标准化的一般表达式为

$$y_i=\mathrm{BN}_{\gamma,\beta}(x_i) \tag{2.46}$$

已知输入数据 $T=\{x_1, x_2, \cdots, x_m\}$，则 $\mathrm{BN}_{\gamma,\beta}(\cdot)$ 由以下四步构成

$$\mu_{\mathrm{T}}=\frac{1}{m}\sum_{i=1}^{m}x_i \tag{2.47}$$

$$\sigma_{\mathrm{T}}^{2}=\frac{1}{m}\sum_{i=1}^{m}(x_{i}-\mu_{\mathrm{T}})^{2} \tag{2.48}$$

$$\hat{x}_{i}=\frac{x_{i}-\mu_{\mathrm{T}}}{\sqrt{\sigma_{\mathrm{T}}^{2}}} \tag{2.49}$$

$$y_{i}=\gamma\hat{x}_{i}+\beta=\mathrm{BN}_{\gamma,\beta}(x_{i}) \tag{2.50}$$

式中：x_i 为输入的数据；y_i 为处理后输出的数据；μ_{T} 为数据 x 的均值；$\sigma_{\mathrm{T}}{}^2$ 为数据 x 的方差；γ、β 为可学习的重构参数，且有 $\gamma=\sigma_{\mathrm{T}}{}^2$、$\beta=\mu_{\mathrm{T}}$。经过变换后，数据分布 x 先变成期望为 0、方差为 1 的正态分布 $\hat{x}$，这种采用强制归一化的处理方法，虽然可提高训练速度，但却会破坏原有数据的分布规律，因此引入重构参数再次进行变换，恢复原有数据的分布规律。由此可见，对数据做批标准化处理后，可加快网络模型的学习速度，使网络模型的训练更稳定。

第 3 章 基于卷积神经网络的结构损伤识别数值实验

3.1 CNN 在结构损伤识别中的原理

3.1.1 结构动力响应

振动是指结构在时间轴上，以相对平衡位置为基点，做来回往返运动。振动产生的原因有内因和外因，内因主要表现为结构自身的质量、弹性模量、阻尼等；外因表现为系统以外的外部物体对系统的激励作用。

如图 3.1 所示，以单自由度系统的振动为例，其动力平衡方程为

$$m\ddot{x}(t)+c\dot{x}(t)+kx(t)=f_e(t) \tag{3.1}$$

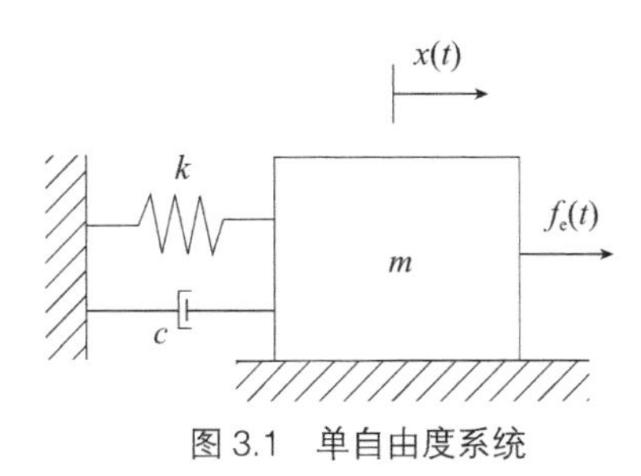

图 3.1　单自由度系统

当系统不受外部干扰作用，仅由初始条件引起的振动，称为自由振动，即系统不受外力作用，$F_e(t)=0$，因此式（3.1）可写成

$$m\ddot{x}(t)+c\dot{x}(t)+kx(t)=0 \tag{3.2}$$

式中：m 为结构质量；c 为结构阻尼；k 为结构刚度；$x(t)$ 是位移响应的时间历程；$\dot{x}(t)$ 是位移响应对时间的一阶导数，其物理意义为速度响应；$\ddot{x}(t)$ 是位移响应对时间的二

阶导数，其物理意义为加速度响应；$f_e(t)$ 为外界激励，外界激励主要有周期力、非周期力、瞬变力和随机力。

定义结构的固有频率 $\omega=\sqrt{k/m}$，结构的无量纲黏性阻尼因子 $\zeta=c/c_c$，结构的临界阻尼系数 $c_c=2m\omega=2\sqrt{km}$，外力 $f_e(t)$ 作用在自由质点 m 上产生的加速度 $a(t)=f_e(t)/m$，式（3.1）和式（3.2）可分别写为

$$\ddot{x}(t)+2\zeta\omega\dot{x}(t)+\omega^2x(t)=a(t) \tag{3.3}$$

$$\ddot{x}(t)+2\zeta\omega\dot{x}(t)+\omega^2x(t)=0 \tag{3.4}$$

在单自由度系统平衡方程的基础上拓展到多个自由度，便可得多自由度系统的振动方程为

$$\boldsymbol{M}\ddot{\boldsymbol{X}}(t)+\boldsymbol{C}\dot{\boldsymbol{X}}(t)+\boldsymbol{KX}(t)=\boldsymbol{F}_e(t) \tag{3.5}$$

式中：$\boldsymbol{M}$ 是结构的质量矩阵；$\boldsymbol{C}$ 是结构的阻尼矩阵；$\boldsymbol{K}$ 是结构的刚度矩阵；$\ddot{\boldsymbol{X}}(t)$ 是加速度向量；$\dot{\boldsymbol{X}}(t)$ 是速度向量；$\boldsymbol{X}(t)$ 是位移向量；$\boldsymbol{F}_e(t)$ 是外力向量。

3.1.2 损伤识别的原理

由 CNN 网络的基本原理可知，CNN 网络具有非常强大的特征提取能力，把结构的完好状态和损伤状态的信息作为训练样本的输入，并针对这些输入给定好相应的标签。训练 CNN 网络模型，使计算机学习到结构完好状态和损伤状态的信息空间分布规律，让计算机学会何种信息反映的是完好结构，何种信息反映的是损伤结构。当有新的结构状态信息输入到训练完成后的 CNN 网络模型时，它便能立即做出判断，识别出结构是否损伤，从而达到结构损伤识别的目的。

本书采用结构动力试验测试数据，进行结构的损伤识别。由结构动力学可知，结构振动具有一定的规律性，主要表现在其振型上，振型体现为结构上多个采样通道采集的振动信号之间的相互关系，其中振动信号可以用位移、速度或者加速度来表达。对于处理信息之间的相互关系，CNN 网络的局部感受野具有天生的优势。因此 CNN 网络可以利用振型包含结构是否损伤的信息，进行结构损伤识别。

通过采集结构上多个采样点的加速度信号，组成能反映结构振型的二维特征矩阵。以此矩阵以及与之对应的标签作为 CNN 网络的输入数据，再经过卷积层和池化层，局部感受野能实现对多个采样点采集的加速度信号的特征提取，最后通过全连接层，建立出关于结构振动的输入与结构是否损伤的输出之间的映射关系（图 3.2）。这种映射关系，具有很强的判别能力和泛化性能。

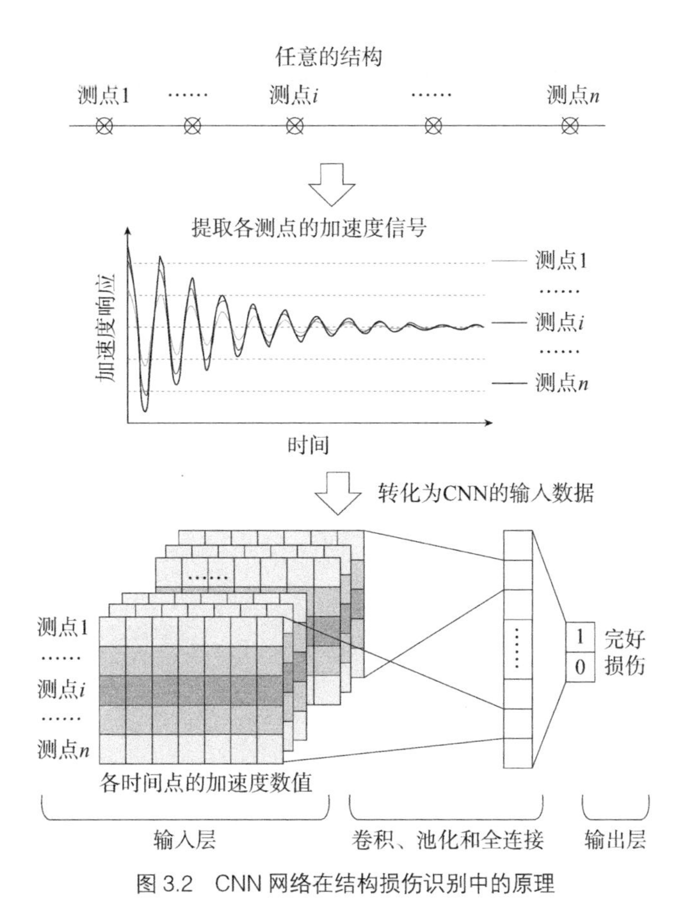

图 3.2　CNN 网络在结构损伤识别中的原理

结构损伤识别的卷积深度网络模型分为训练网络和预测网络两大部分。如图 3.3 所示，训练网络的作用是为 CNN 网络对结构损伤前后的振型特征进行大量的学习训练，得到权值和阈值。预测网络的作用为以多个采样点采集的结构加速度信号作为输入，并与训练完成后的权值和阈值进行计算，输出结构可能完好或者出现损伤的概率，从而识别出结构是否存在损伤。

3.2　CNN 网络模型设计

3.2.1　TensorFlow 框架

本书所涉及的 CNN 网络模型是在 TensorFlow 框架下搭建的，TensorFlow 是谷歌（Google©）的第二代机器学习系统，由 Python 语言作为基本的编程语言，是基于数据流

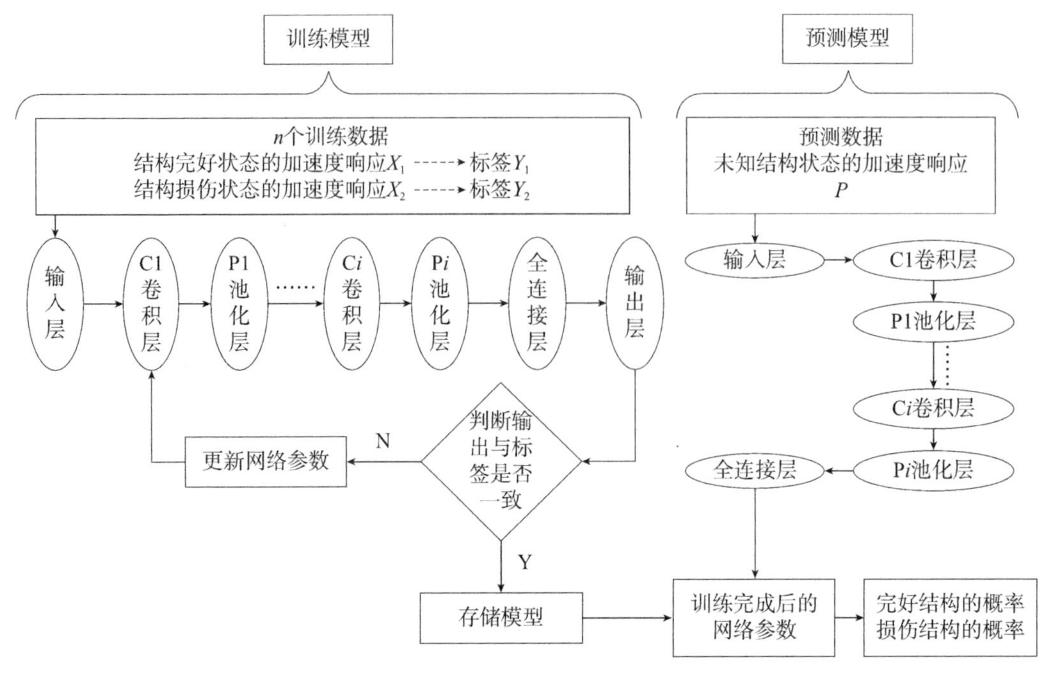

图 3.3 结构损伤识别的卷积深度网络模型

图的科学计算库。TensorFlow 为张量（Tensor）从流图（Flow）的一端流动到另一端的计算过程（图 3.4）。TensorFlow 有两大优点：其一，它具有良好的跨平台性；其二，操作方便，使用者能便易地调用已经编写好的某些算法库以实现设计意图，极大地方便了程序的开发。目前，TensorFlow 已经在语音识别、图像识别、机器翻译等多个领域得到了应用，曾经轰动全球的 AlphaGo 也以 TensorFlow 作为其底层技术框架。

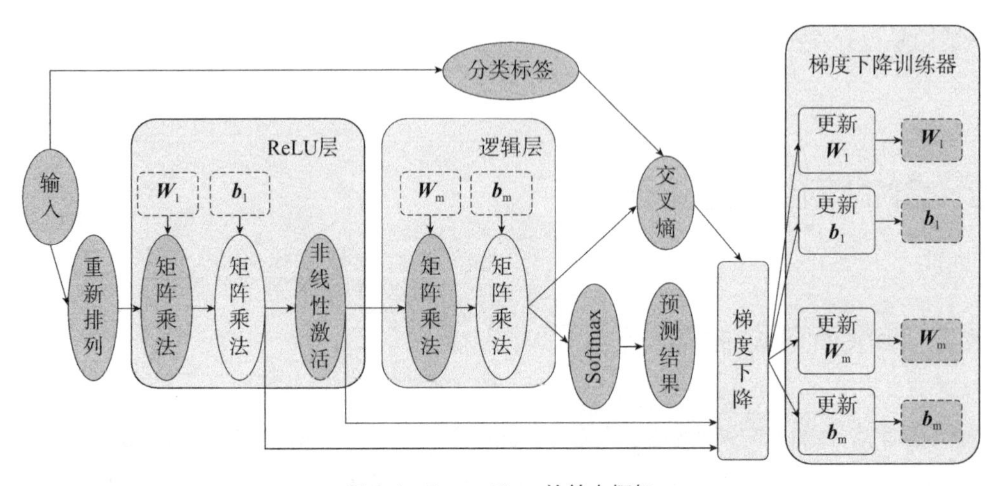

图 3.4 TensorFlow 的基本框架

3.2.2　结构损伤识别 CNN 网络本框架

根据前文介绍的 CNN 网络的基本原理、基本结构以及 CNN 网络在结构损伤识别中的原理，设计出了一套结构损伤识别的 CNN 网络模型的基本框架（图 3.5），该框架由 1 个输入层、3 个卷积层和 3 个池化层交替排列，由 3 个全连接层和 1 个 Softmax 层、1 个输出层组成，共计 12 层。本文 CNN 框架的超参数详细情况如表 3.1 所示。

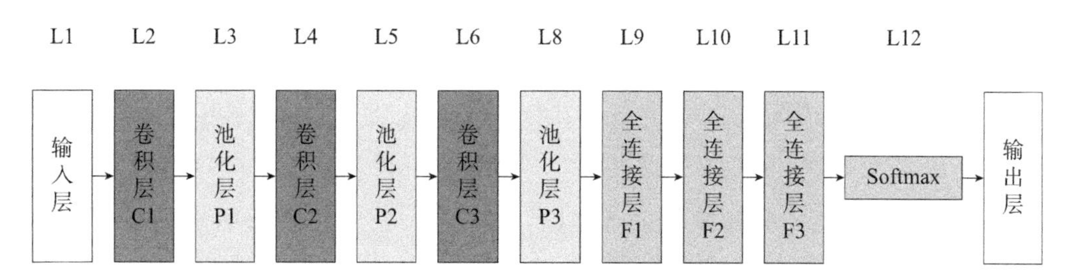

图 3.5　CNN 网络模型的基本框架

表 3.1　CNN 网络模型的参数

网络层	模块	输入（个数 @ 通道数 × 通道采样点数）	运算核数量	运算核大小	滑动步长	输出（个数 @ 通道数 × 通道采样点数）
L1	输入层	$1 @ n \times m$	—	—	—	$1 @ n \times m$
L2	卷积层 C1	$1 @ n \times m$	c_1	$a_1 \times a_1$	s_c	$c_1 @ n \times m$
L3	池化层 P1	$c_1 @ n \times m$	p_1	$b_1 \times b_1$	s_p	$\overrightarrow{O_3}$
L4	卷积层 C2	$\overrightarrow{O_3}$	c_2	$a_2 \times a_2$	s_c	$\overrightarrow{O_4}$
L5	池化层 P2	$\overrightarrow{O_4}$	p_2	$b_2 \times b_2$	s_p	$\overrightarrow{O_5}$
L6	卷积层 C3	$\overrightarrow{O_5}$	c_3	$a_3 \times a_3$	s_c	$\overrightarrow{O_6}$
L7	池化层 P3	$\overrightarrow{O_6}$	p_3	$b_3 \times b_3$	s_p	$\boldsymbol{t}_0$
L8	全连接层 F1	$\boldsymbol{t}_0$	—	—	—	$\boldsymbol{t}_1$
L9	全连接层 F2	$\boldsymbol{t}_1$	—	—	—	$\boldsymbol{t}_2$
L10	全连接层 F3	$\boldsymbol{t}_2$	—	—	—	$\boldsymbol{t}_3$
L11	Softmax 层	$\boldsymbol{t}_3$	—	—	—	1@1 × 2
L12	输出层	1@1 × 2	—	—	—	“0” 和 “1” 两类的概率

注：$\overrightarrow{O_3}=c_1$@ceil（n/b_1）×ceil（m/b_1），$\overrightarrow{O_4}=c_2$@ceil（n/b_1）×ceil（m/b_1）

$\overrightarrow{O_5}=c_2$@ceil（ceil（n/b_1）$/b_2$）×ceil（ceil（m/b_1）$/b_2$）

$\overrightarrow{O_6}=c_3$@ceil（ceil（n/b_1）$/b_2$）×ceil（ceil（m/b_1）$/b_2$）

$\boldsymbol{t}_0=c_3$@ceil（ceil（ceil（n/b_1）$/b_2$）$/b_3$）×ceil（ceil（ceil（m/b_1）$/b_2$）$/b_3$）

$\boldsymbol{t}_1$=1@1 × z，z=（ceil（ceil（ceil（m/b_1）$/b_2$）$/b_3$）·c_3）

$\boldsymbol{t}_2$=1@1 × u，$\boldsymbol{t}_3$=1@1 × v，u，v 是小于 z 且大于 2 的正整数。

第1层是输入层，输入样本的大小是根据具体的输入数据来确定的，这里以每个样本大小为$n \times m$矩阵为例，其中n表示采样通道数即传感器个数，m为每个通道的采样数。

第2、4、6层均是卷积层，记为C1、C2、C3，均采用Same卷积操作模式，卷积核的数量为c_1、c_2、c_3个，每个卷积核的大小分别为$a_1 \times a_1$、$a_2 \times a_2$、$a_3 \times a_3$，滑动步长为s_c。激活函数均采用ReLU函数。

第3、5、7层均是池化层，记为P1、P2、P3，均采用最大值池化法，池化仓的个数为p_1、p_2、p_3，其大小分别为$b_1 \times b_1$、$b_2 \times b_2$、$b_3 \times b_3$，滑动步长为s_p。通过3次的卷积和池化操作后，原样本为1 @ $n \times m$的矩阵被特征提取为c_3@ceil（ceil（ceil（n/b_1）$/b_2$）$/b_3$）×ceil（ceil（ceil（m/b_1）$/b_2$）$/b_3$）的向量，记为$\boldsymbol{t}_0$向量，其中ceil（·）为向上取整函数。

第8、9、10层均为全连接层，记为F1、F2、F3，均采样Sigmoid激活函数，全连接层F1把卷积池化后的$\boldsymbol{t}_0$向量“压扁”为1@1×（ceil（ceil（ceil（m/b_1）$/b_2$）$/b_3$）·c_3）的向量，“压扁”后的向量记为$\boldsymbol{t}_1$向量。全连接层F2和F3把被“压扁”的$\boldsymbol{t}_1$向量依次向前传递、压缩，在F2中被压缩为$\boldsymbol{t}_2$向量，在F3中被压缩为$\boldsymbol{t}_3$向量。

第11层也是全连接层，以Softmax函数作为网络的最高层，记为Softmax层。把F3中被压缩的$\boldsymbol{t}_3$向量分类为“0”和“1”两类。

第12次为输出层，输出的是结构为完好状态的概率“1”和结构为损伤状态的概率“0”。

3.3 竖直悬臂梁模型

3.3.1 动力响应数值模拟

为了研究CNN在损伤识别中应用的可行性，本章首先利用ANSYS有限元软件建立了一个如图3.6所示的竖直悬臂梁模型作为研究对象。该模型的基本参数为：悬臂梁模型总共分为4个梁单元，每个单元自下而上编号分别为①～④，以每个单元上部的节点作为采样点，由下而上编号分别为1~4。模型总高2.4m，每个单元长0.6m，弹性模量E=2.06×10^{11}N/m^2，截面面积为14.33cm^2，惯性矩I=243.98cm^4。由于每个节段梁单元皆定义了结构刚度EI，因此结构的损伤通过在原模型定义刚度EI上乘δ系数的方式模拟，即$\delta \cdot EI$。δ为随机系数，取值在0.5~1之间，其中0.5表示刚度损失一半，1表示刚度未损失。每个节段梁单元不同的损伤程度各不相同，本模型共4个梁单元，因此随机系数编号分别为δ_1~δ_4。

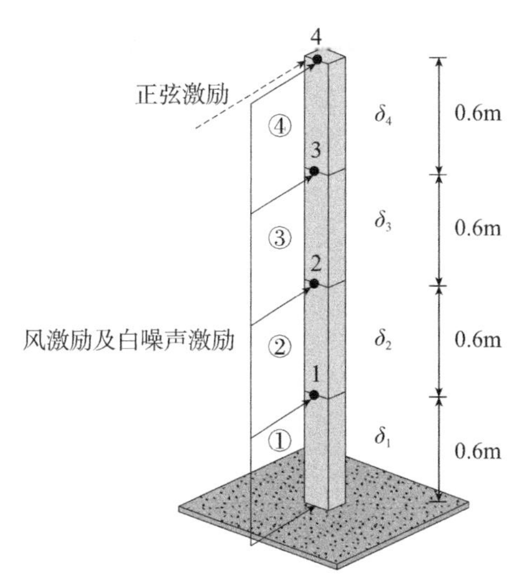

图 3.6　竖直悬臂梁模型

为研究不同激励作用下 CNN 的识别精度，本节将随机的正弦激励、风激励以及白噪声激励分别作用到模型上。许多专家对阵风功率谱都进行过研究，提出了不同形式的风功率谱函数，其中，达文波特（Davenport）提出的脉动风速谱应用最为广泛，其数学表达式如下

$$\frac{nS_v(n)}{v_*^2}=\frac{4x^2}{(1+x^2)^{\frac{4}{3}}}$$
$$x=1200\frac{n}{\bar{v}_{10}} \qquad v_*^2=K\bar{v}_{10}^2 \tag{3.6}$$

式中：$S_v(n)$ 为脉动风功率谱（m^2/s）；K 为地面粗糙度系数；n 为脉动风频率（Hz）；$\bar{v}_{10}$ 为标准高度为 10m 处的平均风速（m/s）。

因此，根据 Davenport 风谱生成风速时程曲线，通过随机风速计算得到的随机风压，如下式所示

$$w_p=\frac{1}{2}\rho v^2 \tag{3.7}$$

式中：w_p 为风压（kN/m^2）；ρ 为空气密度，其值取 1.29kg/m^3；v 为风速（m/s）。

对于正弦激励，其振幅是服从 N（1000，2002）的正态分布的随机数，即均值为 1000N，标准差为 200N。频率则服从 N（80，202），即均值为 80rad/s，标准差为 20rad/s。白噪声激励为服从 N（0，52），即均值为 0，标准差为 5N。除此之外，激励的加载方式有所不同，正弦激励以集中力的形式作用在悬臂梁的顶端，风激励和白噪声激励则以均布荷载的形式作用在梁体上（图 3.6）。

通过上述操作，每个样本都是由不同大小、不同类型的激励作用生成的。每种激励总共生成了 4000 个损伤结构样本和 4000 个正常结构样本，并且每个样本之间相互独立，其中部分完整样本如图 3.7 所示。随后将每个激励下的 8000 个样本随机分为训练集和预

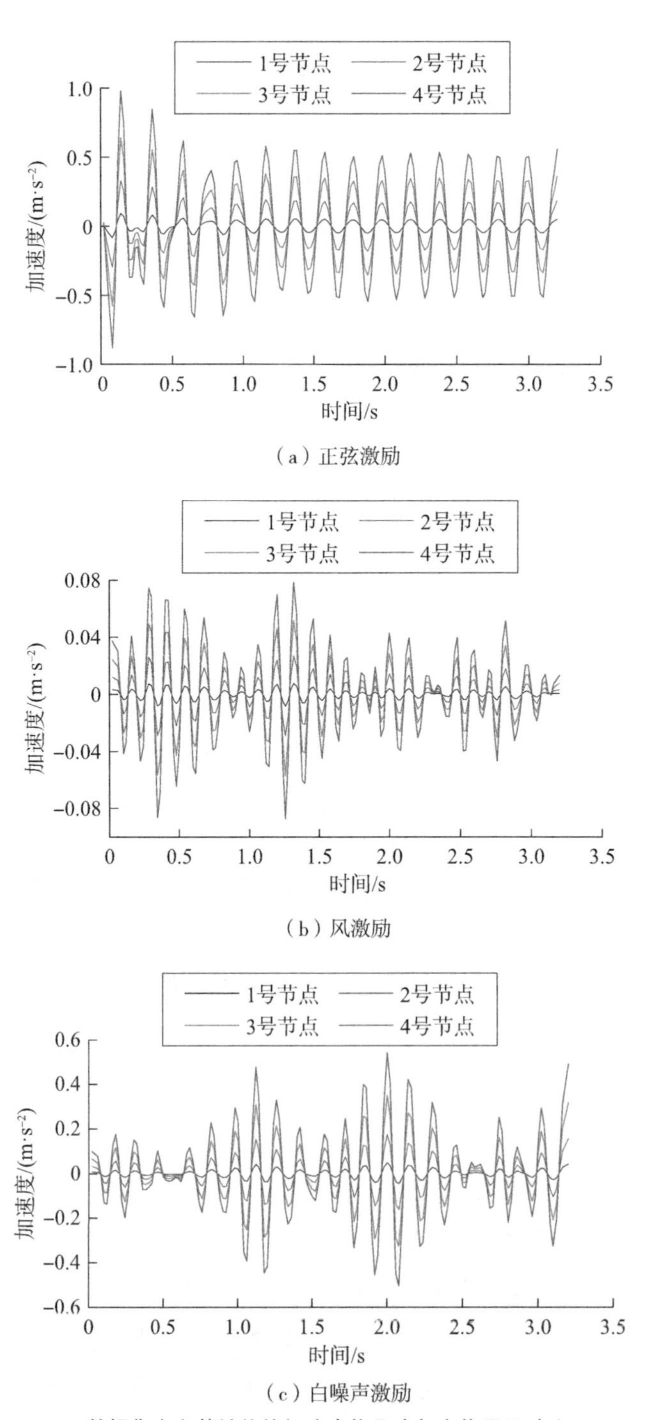

图 3.7 数据集中完整结构的加速度信号（每个信号尺寸为 4×160）

测集，每个集合均含 2000 个损伤样本和 2000 个正常样本。每个样本采集了悬臂梁模型上 4 个节点的加速度时程信号，采样时间为 3.2s，采样频率为 50Hz，因此每个通道采样节点数为 160，得到了 4×160 的样本矩阵。

在实际工程中，测试信号不可避免存在噪声。一般而言，噪声可分为加性噪声和乘性噪声。乘性噪声主要可看成系统的时变性或者非线性造成的，它们与信号是相乘的关系，其存在与否取决于信号存在与否。在现实测量结构信号的过程中，有不规则且强度变化的噪声存在，而这些噪声绝大部分属于加性噪声，它们与信号的关系是相互独立且相加的，不管信号存在与否，该噪声都存在。

为了研究 CNN 在对结构进行损伤诊断时的抗噪性，本章通过在原始信号中添加高斯白噪声以模拟在实际情况下实测信号中所包含的加性噪声。根据信噪比区分所添加信号的强度，所谓信噪比（Signal Noise Ratio，SNR）即信号强度与噪声强度之比，表达式为

$$\mathrm{SNR}=\frac{\text{信号能量}}{\text{噪声能量}}=\frac{\text{纯信号}^{2}}{(\text{带噪信号}-\text{纯信号})^{2}} \tag{3.8}$$

在不同强度的噪声影响如图 3.8 所示。

3.3.2　CNN 超参数测试和模型框架

CNN 模型的训练与超参数的选择具有非常密切的关系，过多的网络层数或节点数，不仅不会提高模型分类的准确率，而且还会降低模型训练的效率，大大增加了模型过拟合的风险，且在网络层数和节点数的选取过程中，需要考虑为提高微小的精度而付出的时间成本是否合理。为确定上述 CNN 架构超参数，通过大量试验，在保持卷积核尺寸及个数不变的条件下，研究了 CNN 的识别精度（图 3.9）。

由图 3.9 可知，网络识别准确率随着卷积池化层数量的增加而呈现出先上升后下降的趋势，当层数在 2~4 之前时，分类的平均准确率趋于平缓；当层数继续增加到 5 时，准确率则出现了明显下降。不仅如此，在计算时间成本上，当层数大于 3 时，时常伴随出现电脑内存占用率极高的情况。因此基于该试验结果，本章拟采用的卷积层和池化层个数为 2。随后为控制计算时间，且不出现极高的内存占用情况，选取的卷积核尺寸为 3，第 1 卷积层的卷积核数量为 4，第 2 卷积层卷积核数量为 6，以保证 CNN 识别精度的同时尽可能地减少训练模型所需的时间。

此外，分类的准确率会受迭代次数的影响，图 3.10 展示了不同迭代次数下的 CNN 平均识别准确率。如图所示，CNN 识别准确率会随着迭代次数的增加而上升，当迭代次数大于 3000 时，准确率的上升趋势会趋于缓和。但是，迭代次数的增加对模型训练的

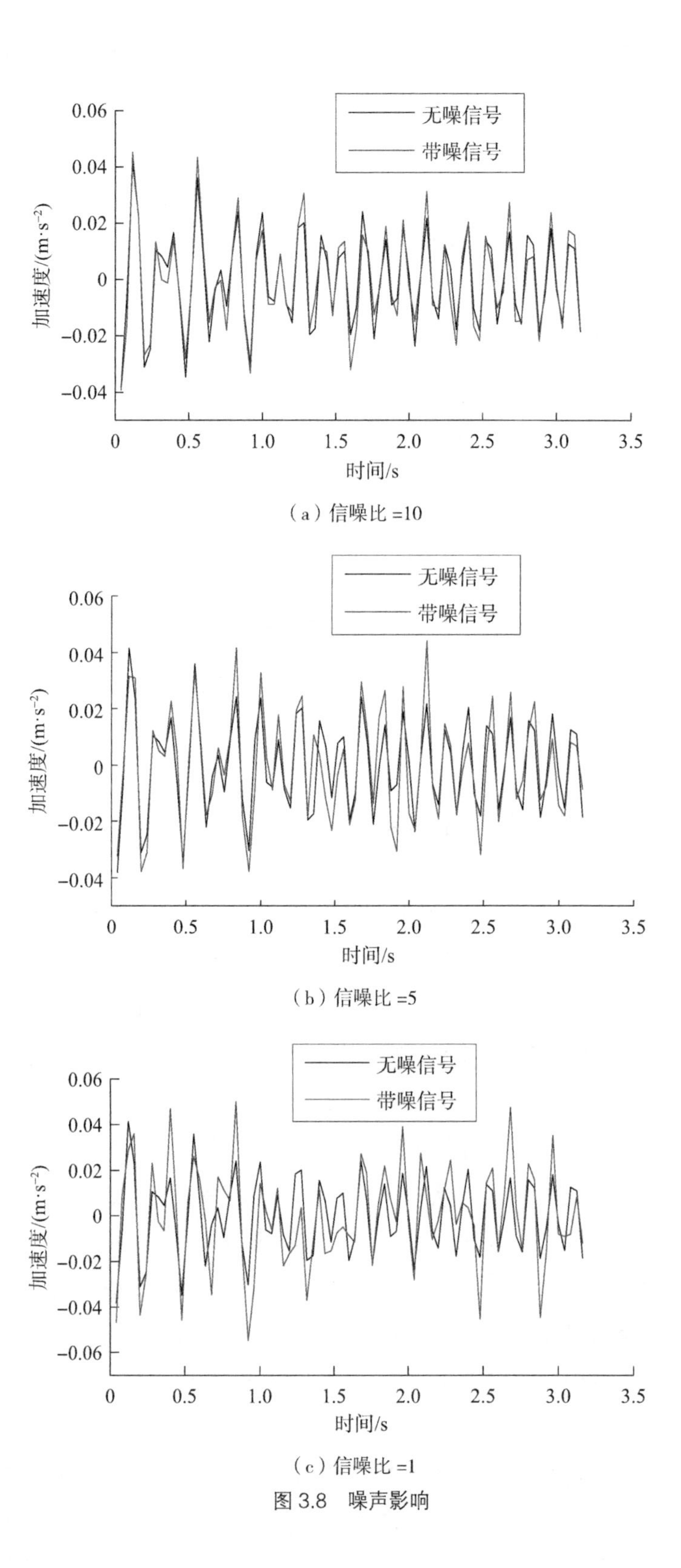

（a）信噪比 =10

（b）信噪比 =5

（c）信噪比 =1

图 3.8　噪声影响

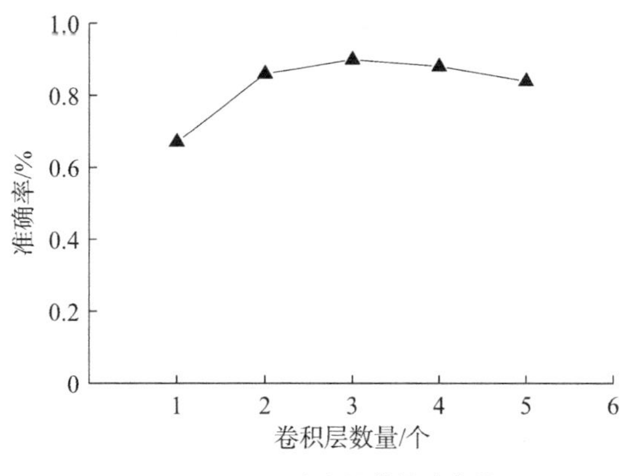

图 3.9　不同卷积层数的分类结果

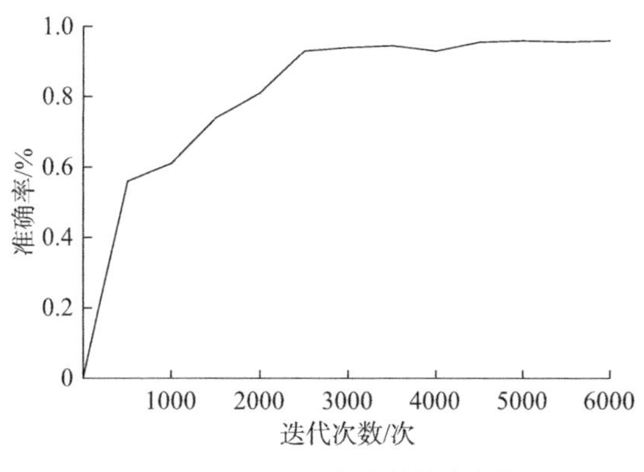

图 3.10　不同迭代次数的分类结果

直接后果就是导致计算时间的增加，因此综合考虑分类精度和计算时间，在本算例的研究中设置的迭代次数为 3000 次。

根据上述结果，搭建了本算例的 CNN 架构（图 3.11）。该框架共包含 1 个输入层，2 个卷积池化层，3 个全连接层和 1 个输出层。第 1 层是样本大小为 4 × 160 的输入层，其中高度和宽度分别代表采样通道和采样数，由于本文样本均为二维矩阵形式，因此深度为 1。在 L1 层中，样本经过第 1 卷积层卷积操作（操作代号 C1），由于第 1 卷积层中包含了 4 个卷积核，每个卷积核都会产生一个对应的样本图，因此样本深度为 4。随后在 L2 层中，输入样本会经历第一次池化操作（操作代号 P1）实现对特征的第一次压缩，由于池化区域尺寸为 2 × 2，因此样本被压缩后的尺寸为 2 × 80。由于池化层对特征信息的压缩并不会影响特征图的数量，所以其深度依然为 4。随后的 L3 和 L4 均重复 L1 和 L2 的工作，但是在完成第 2 次池化操作（P2）后，原本大小为 1 × 40 × 6 的矩阵会被“压扁”成 1 × 240 的向量，以便进行全连接操作（F）。通过 L5~L7 的全连接操作，被“压扁”的 1 × 240 向量依次向前传递、压缩，L5、L6、L7 分别压缩为 1 × 60、1 × 15、1 × 5。在卷积操作 C1~C2 中均采用 ReLU 函数作为激活函数，池化层则采用最大值池化。

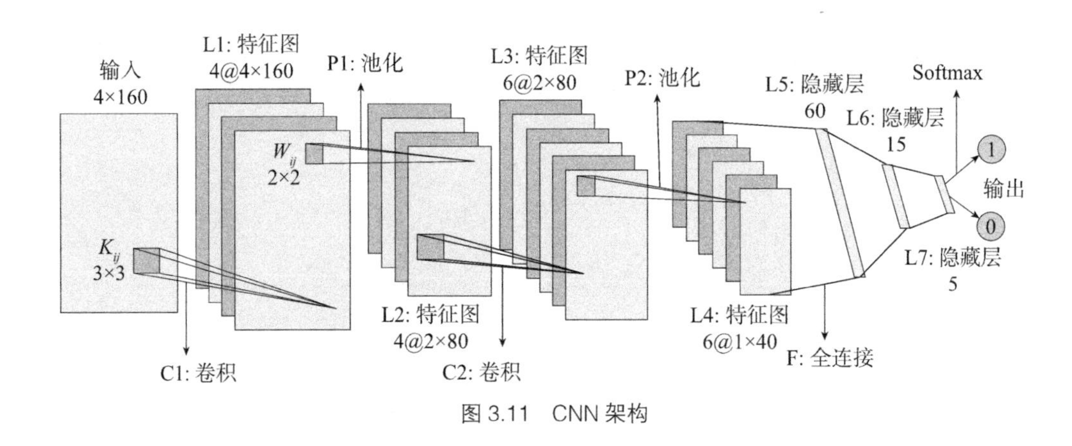

图 3.11　CNN 架构

在全连接操作中，L5~L7 层采用 Sigmoid 激活函数，最后以 Softmax 回归作为网络的最高层，凭借其在非线性多分类问题上优异的性能，结合 CNN 在特征提取方面独特的优势，以期得到较高的精度。

3.3.3　基于 CNN 的损伤识别结果

在本算例中，损伤识别的具体步骤如下（图 3.12）：

①通过数值模拟获取所需的样本集，将样本集随机分为训练集和预测集，并对所有的数据预先分类。

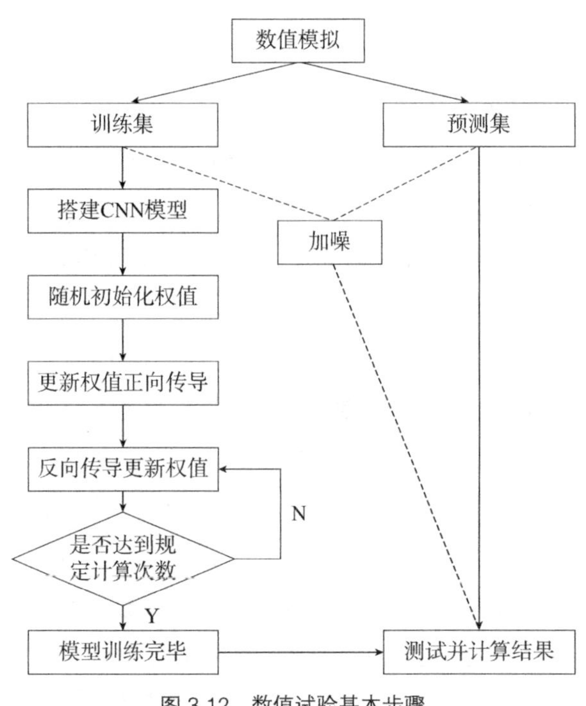

图 3.12　数值试验基本步骤

②建立 CNN 结构损伤诊断模型，并随机对模型的权值和偏置项进行初始化。

③将训练集作为网络的输入，通过梯度下降对 CNN 模型进行优化，再对比输出标签与原始标签并计算准确率。根据结果调整网络超参数（如网络隐藏层数、节点数等），使整个网络的计算时间成本及准确率达到较好的状态。

④利用预测集数据对完成训练的网络分类性能进行测试。

⑤为测试 CNN 的抗噪能力，先对信号按不同信噪比进行加噪，再输入模型计算 CNN 的分类准确率。

首先，在单激励无噪声训练模式下，即训练集中只包含了单一激励产生的加速度信号且不添加噪声，平均识别精度均稳定在 90% 以上，如图 3.13（a）所示。由于不同激励产生的结构振动加速度响应不同，为研究不同激励类型对 CNN 识别精度的影响，本章采用了混激励无噪声训练模式，即在无噪声条件下训练集中混入不同类型激励所产生的加速度信号，以此研究 CNN 在结构损伤诊断领域对激励类型的鲁棒性。结果表明，CNN 对正弦激励和风激励作用下的结构损伤识别精度没有明显影响，但是对白噪声激励作用下的平均识别精度提高了 2%，因此其平均识别率基本稳定在 95% 左右，如图 3.13（b）所示。因此可认为不同类型激励及加载方式对 CNN 识别精度没有明显影响。

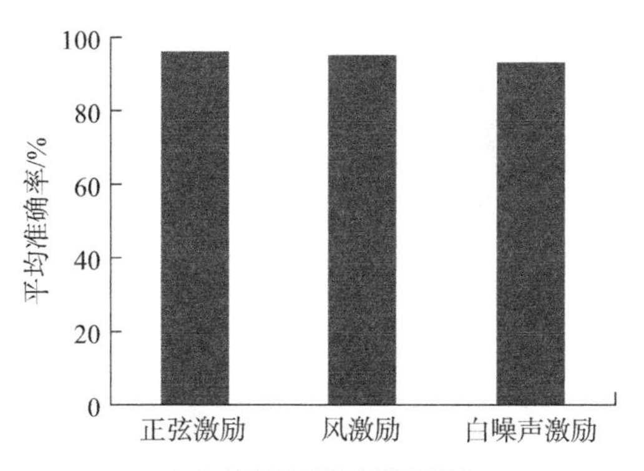

（a）单激励无噪声训练模式

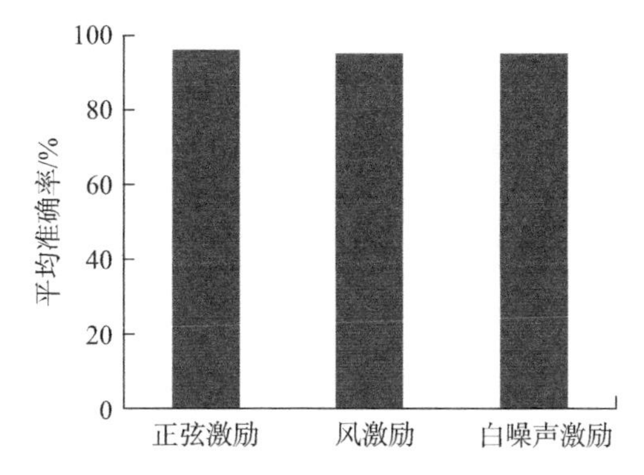

（b）混激励训练模式

图 3.13　各激励条件下的 CNN 识别精度

其次，在单激励训练模式基础上依次设定 SNR 为 1、5 和 10 的噪声，即单激励单噪训练模式，以此研究了 CNN 在不同噪声下的抗噪能力。如图 3.14 所示，结构受正弦激励作用时，低强度噪声（SNR=10）对 CNN 的识别精度影响较小，基本可以忽略，其识别率均在 95% 以上，平均值为 96%。当 SNR=5 时，CNN 的识别率受到较大影响，但也基本稳定在 92% 左右。当在添加了与加速度时程信号等能量强度，即 SNR=1 的噪声之后，CNN 的平均识别准确率下滑到 86%。可见，随着噪声强度的逐渐增加，在正弦激励作用下，CNN 的损伤识别率呈现出线性下滑的态势。当结构受到风激励作用时，CNN 的带噪识别精度如图 3.14（a）所示。从图中可以看出，当 SNR 为 10 或 5 时，CNN 的识别精度未受到显著影响，平均识别率从 95% 下降到 92%。但是当噪声强度进一步升高，即 SNR=1 时，其识别率出现了显著下降，但是平均精度仍然保持在令人满意的 83% 左右。对于白噪声激励作用下结构的加速度信号，其本身便可理解成噪声，因此本章并未对其进行加噪研究。从以上结果可看出，在不同强度白噪声的作用下，CNN 展现出了良好的抗噪能力，并且不同的激励类型对 CNN 的识别率没有明显影响。

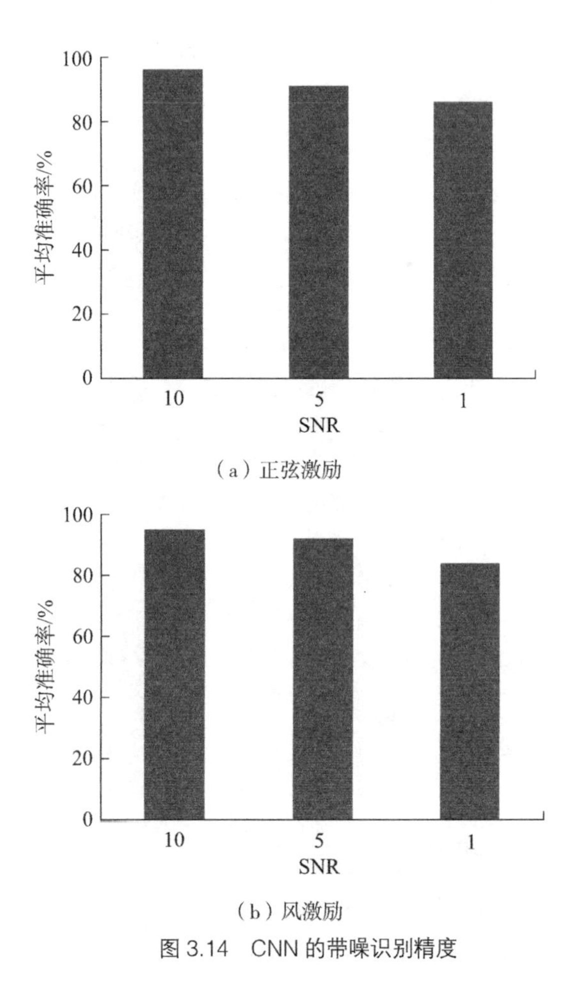

（a）正弦激励

（b）风激励

图 3.14　CNN 的带噪识别精度

最后，由结构动力学原理可知，在激励的作用下，结构的振动分为瞬态响应和稳定响应两个阶段。但因为阻尼的存在，瞬态响应会很快衰减，最终只呈现出稳态响应，如图 3.15 所示，虚线框内为瞬态响应，实线框内为稳态响应。本章分别将带有瞬态响应的信号和不带瞬态响应的信号作为输入训练 CNN，结果如图 3.16 所示，在迭代步同为 2000 时，有瞬态响应信号的网络识别率已经非常可观，平均精度稳定在 96%，而不带瞬态信号的网络识别率仅仅为 68%。但是当迭代步数为 6000 时，后者识别率依然可以达到 93%。由此可知，瞬态响应中应包含更为广阔的损伤信息，但稳态响应中所包含的损伤信息同样可以有效反映结构的损伤情况。

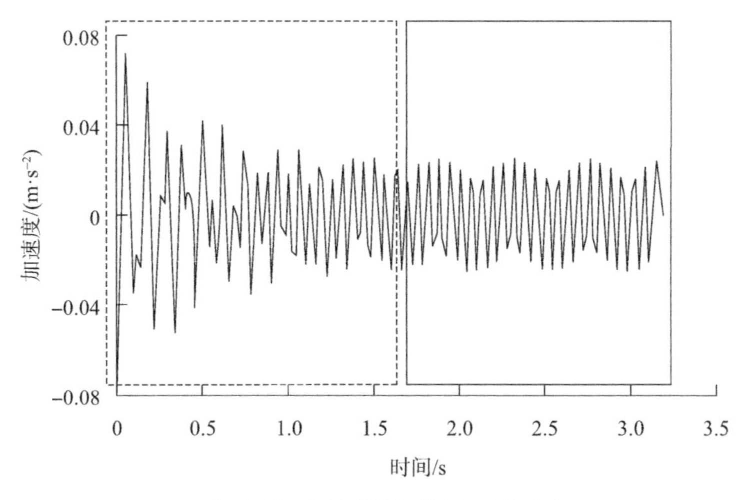

图 3.15　正弦激励下结构加速度响应

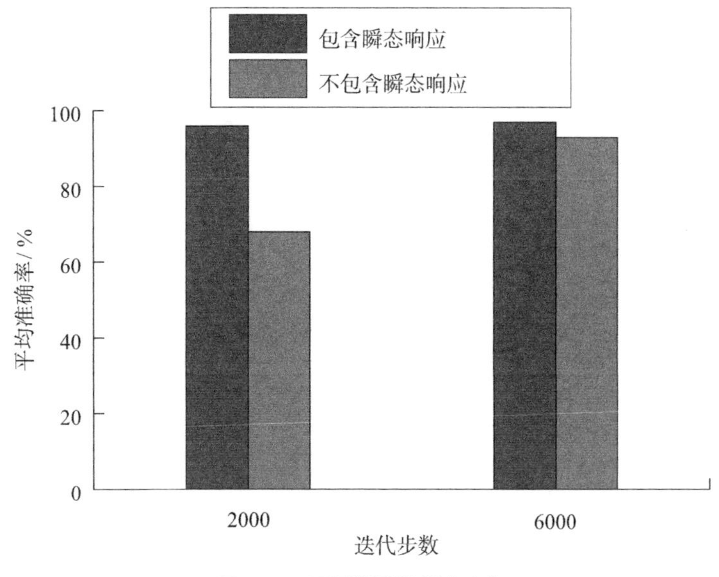

图 3.16　不同训练阶段准确率

3.4 结构参数随机性对卷积深度网络损伤识别的影响

在实际工程中，结构参数是具有随机性的。众所周知，应用卷积深度网络进行结构损伤识别时，一般采用数值模拟的结果作为训练输入。将训练好的网络应用于实际结构的损伤识别时，实际结构的结构参数与训练参数往往不一致，且存在一定随机性，这势必对 CNN 网络的损伤识别精度产生影响。本章将研究结构质量、弹性模量和阻尼比等结构参数的随机性对 CNN 损伤识别精度的影响。

3.4.1 数值模拟模型和结构参数随机性的影响

在实际工程中，无论结构是否损伤，其结构参数均具有随机性。为了研究结构参数随机性对卷积深度网络损伤识别的影响，利用 ANSYS 有限元软件建立了一个如图 3.17 所示的混凝土简支梁模型作为研究对象。该梁的横截面为矩形截面，高度为 0.3m、宽度为 0.2m。梁长 2.0m，全梁共划分为 20 个梁单元，21 个节点。

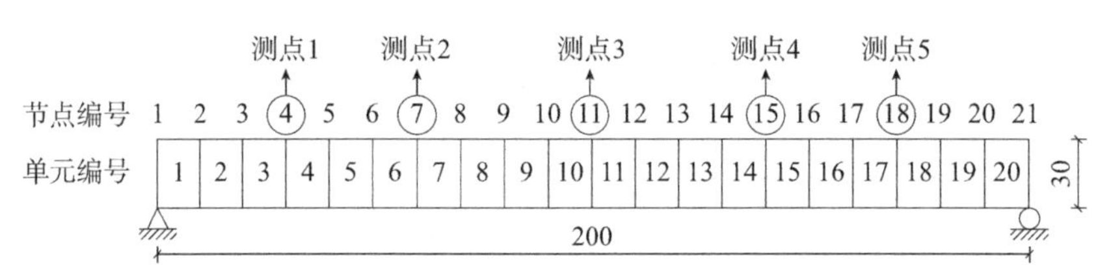

图 3.17 简支梁有限元模型（单位：cm）

材料的质量密度为 2500kg/m^3，弹性模量 E=3.0 × 10^{4}MPa，惯性矩 I=4.5 × 10^{-4} m^4，阻尼比为 0.02。本章以刚度 EI 的下降来模拟损伤，即各单元在原刚度 EI 上乘以折减系数 α_i，形成 $\alpha_i \cdot EI$。外激励采用脉冲激励。其参数取值如表 3.2 所示。

表 3.2 参数取值

类别	取值范围
折减系数 α_i	0.3~1.0 均匀分布的随机数
脉冲激励的大小	30~100N 均匀分布的随机数
脉冲激励的方向	垂直向下
脉冲激励的作用位置	2~20 号节点均匀分布的随机数

以图 3.17 中编号为 4、7、11、15 和 18 的 5 个节点作为加速度响应的测点，编号为 1~5，采样频率为 1000Hz，每个测点采集 100 个加速度响应数据，在某次脉冲激励下，5 个测点的加速度响应如图 3.18 所示。再将加速度响应的测点个数与采样点数构成一个 5×100 的矩阵，类似于一张 5×100 大小的照片，如图 3.19 所示，以此作为 CNN 网络的输入信号。

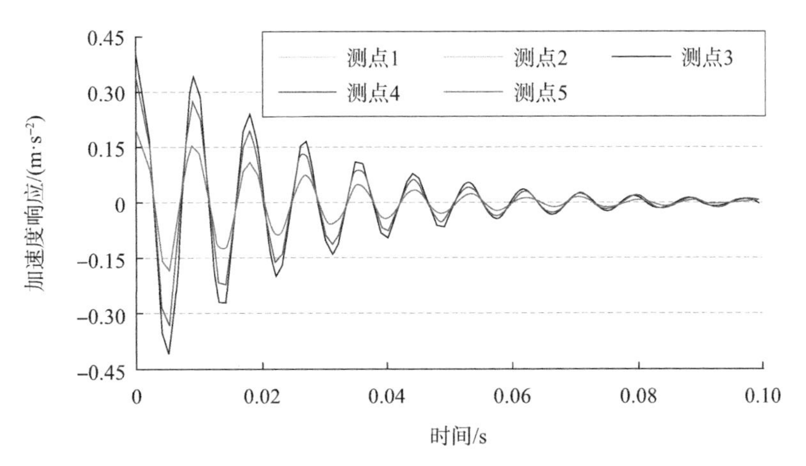

图 3.18　结构受脉冲激励作用下的加速度响应

5×100矩阵

测点1	$x_{1,1}$	$x_{1,2}$	……	$x_{1,i}$	……	$x_{1,98}$	$x_{1,99}$	$x_{1,100}$
测点2	$x_{2,1}$	$x_{2,2}$	……	$x_{2,i}$	……	$x_{2,98}$	$x_{2,99}$	$x_{2,100}$
测点3	$x_{3,1}$	$x_{3,2}$	……	$x_{3,i}$	……	$x_{3,98}$	$x_{3,99}$	$x_{3,100}$
测点4	$x_{4,1}$	$x_{4,2}$	……	$x_{4,i}$	……	$x_{4,98}$	$x_{4,99}$	$x_{4,100}$
测点5	$x_{5,1}$	$x_{5,2}$	……	$x_{5,i}$	……	$x_{5,98}$	$x_{5,99}$	$x_{5,100}$

图 3.19　CNN 的输入数据

对结构参数中的结构质量、弹性模量和阻尼比的随机性进行研究，其随机性采用正态分布，其数学表达式为

$$f(x)=\frac{1}{\sqrt{2\pi}}\exp\left[-\frac{(x-\mu)^2}{2\sigma^2}\right] \quad (3.9)$$

$$\sigma=\mu\times\delta \quad (3.10)$$

式中：δ 为变异系数；μ 是均值。结构参数的均值与变异系数见表 3.3。在随后的研究中，取其中 4 种具有代表性的工况进行研究分析，工况设定见表 3.4。

表 3.3　结构参数的均值和变异系数

结构参数	质量密度 /（$kg \cdot m^{-3}$）	弹性模量 /MPa	阻尼比
均值 μ	2500	3.0×10^4	0.02
变异系数 δ	0、0.05、0.10、0.15、0.20、0.25 和 0.30		

表 3.4　结构参数随机性的工况

工况	工况描述	
	训练网络	预测网络
1	不考虑结构参数随机性	只考虑质量的随机性
2	不考虑结构参数随机性	只考虑弹性模量的随机性
3	不考虑结构参数随机性	只考虑阻尼比的随机性
4	不考虑结构参数随机性	考虑质量、弹性模量和阻尼比三者的随机性共同作用

工况 1 的目的是控制其他变量不发生改变的情况下，在预测网络里，只考虑质量的随机性，通过控制变量法，研究结构参数中质量随机性对 CNN 网络的损伤识别精度的影响，图 3.20 为工况 1 中某次脉冲激励下结构的加速度响应。同样的，工况 2 的目的是研究结构参数中弹性模量随机性对 CNN 网络的损伤识别精度的影响，图 3.21 为工况 2 中某次脉冲激励下结构的加速度响应。工况 3 的目的是研究结构参数中阻尼比随机性对 CNN 网络的损伤识别精度的影响，图 3.22 为工况 3 中某次脉冲激励下结构的加速度响应。工况 4 是同时考虑质量、弹性模量和阻尼比的随机性共同作用对 CNN 网络的损伤识别精度的影响，图 3.23 为工况 4 中某次脉冲激励下结构的加速度响应。

3.4.2　CNN 模型的识别结果及分析

本研究中 CNN 网络模型的框架及超参数如表 3.5 所示。

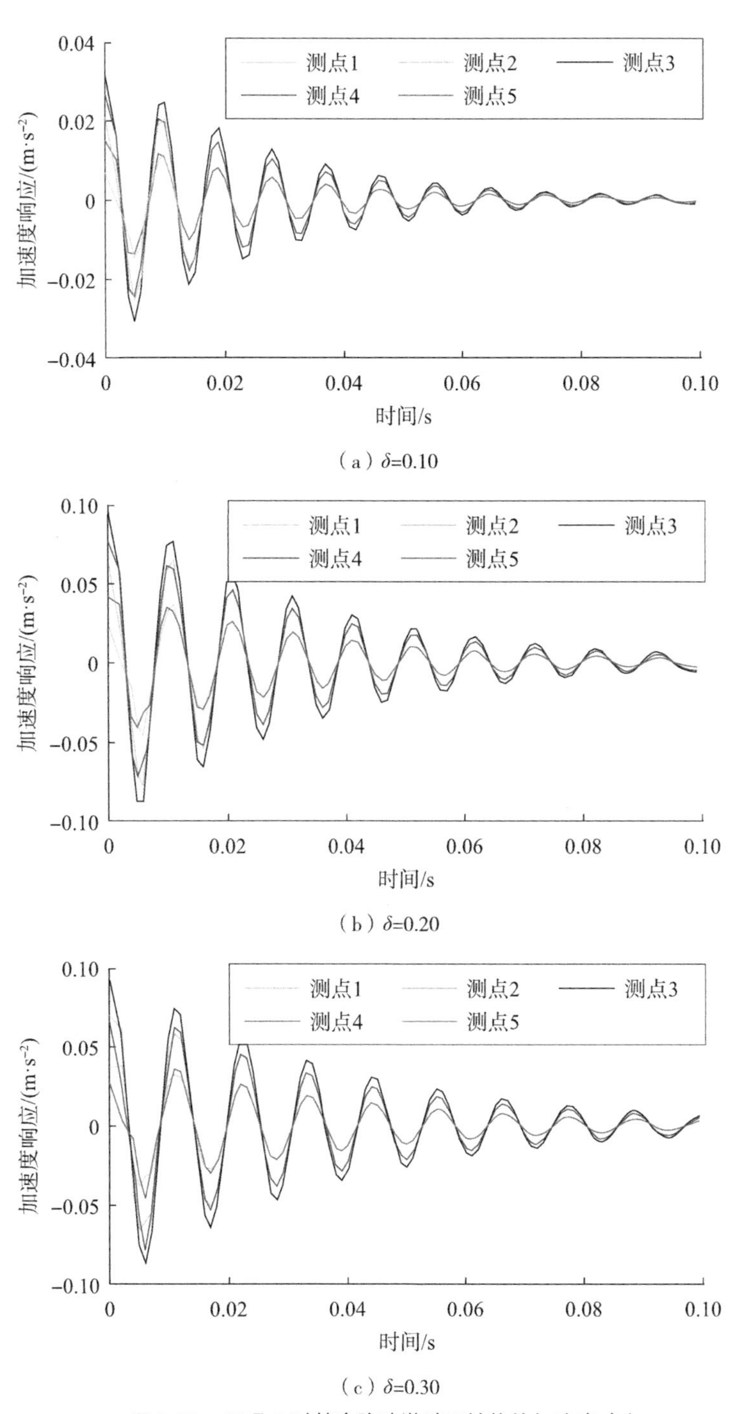

（a）δ=0.10

（b）δ=0.20

（c）δ=0.30

图 3.20　工况 1 时某次脉冲激励下结构的加速度响应

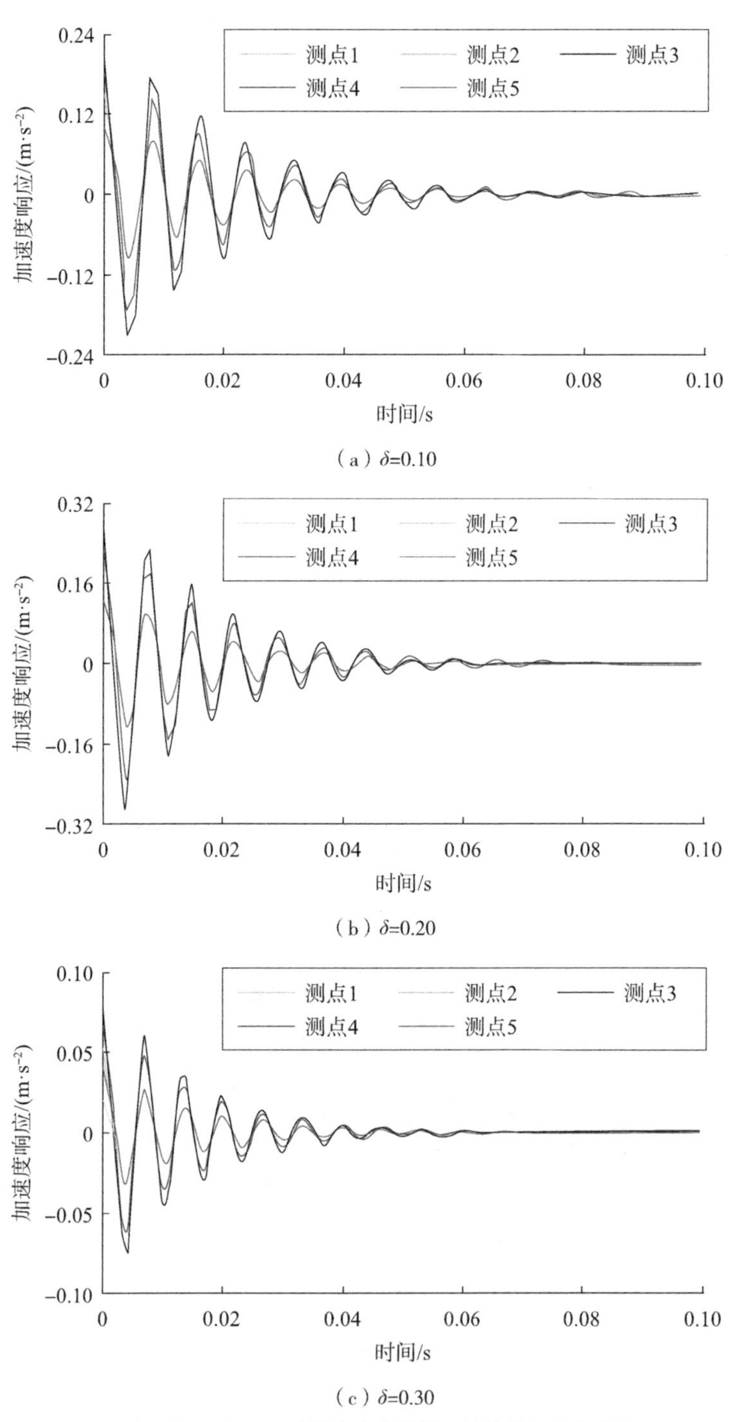

（a）δ=0.10

（b）δ=0.20

（c）δ=0.30

图 3.21　工况 2 时某次脉冲激励下结构的加速度响应

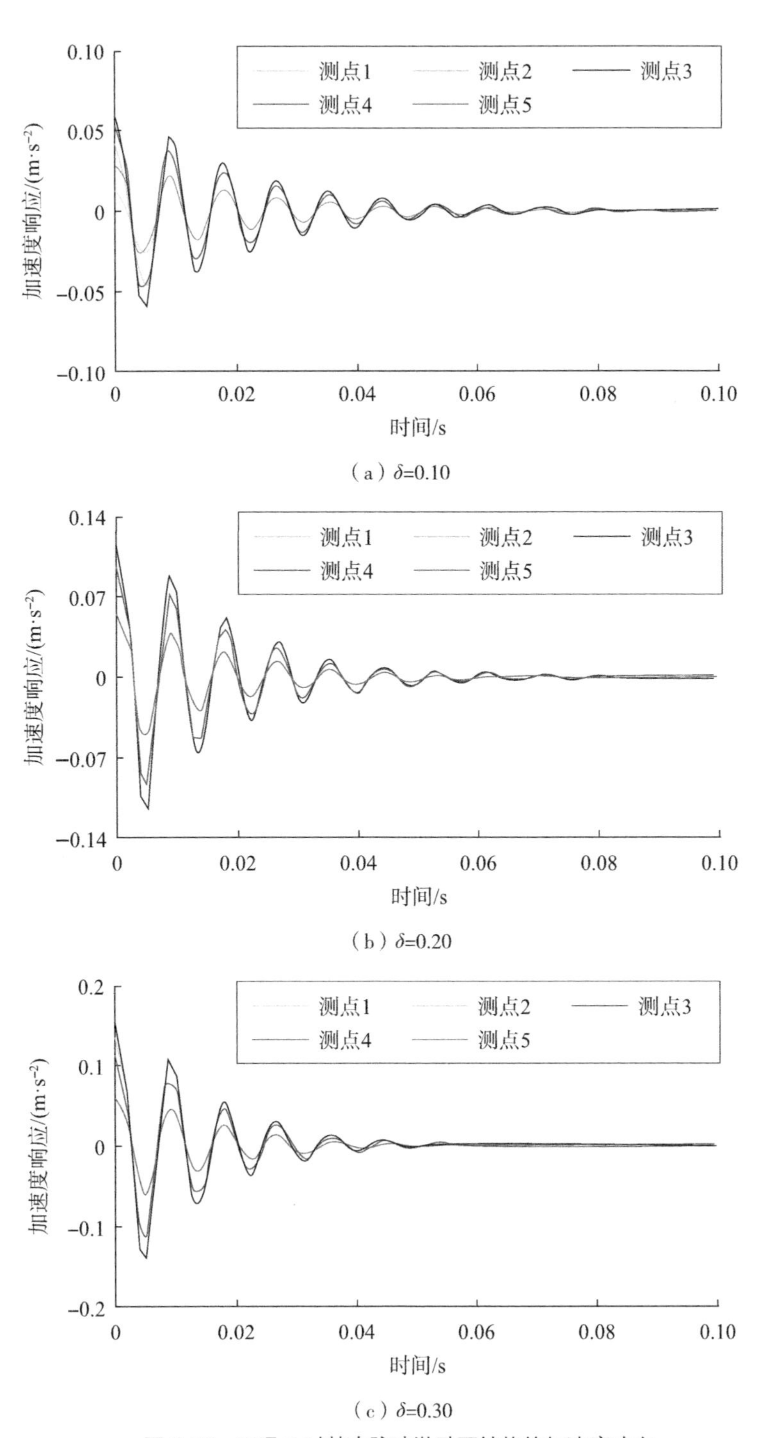

（a）δ=0.10

（b）δ=0.20

（c）δ=0.30

图3.22　工况3时某次脉冲激励下结构的加速度响应

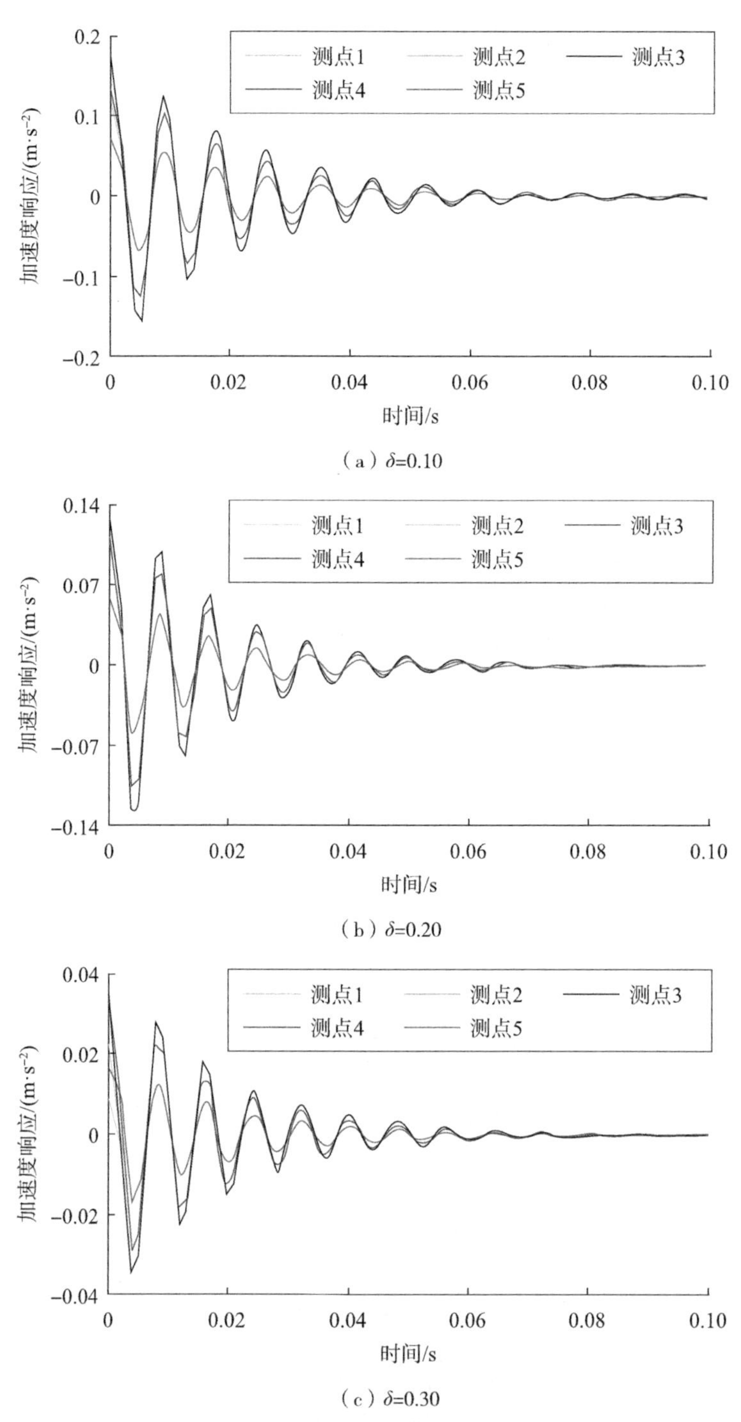

（a）δ=0.10

（b）δ=0.20

（c）δ=0.30

图 3.23　工况 4 时某次脉冲激励下结构的加速度响应

表 3.5　CNN 网络的参数

网络层	模块	输入（个数 @ 通道数 × 通道采样点数）	运算核数量	运算核大小	滑动步长	输出（个数 @ 通道数 × 通道采样点数）
L1	输入层	1@5 × 100	—	—	—	1@5 × 100
L2	卷积层 C1	1@5 × 100	5	3 × 3	1	5@5 × 100
L3	池化层 P1	5@5 × 100	1	2 × 2	2	5@3 × 50
L4	卷积层 C2	5@3 × 50	5	3 × 3	1	5@3 × 50
L5	池化层 P2	5@3 × 50	1	2 × 2	2	5@2 × 25
L6	卷积层 C3	5@2 × 25	5	3 × 3	1	5@2 × 25
L7	池化层 P3	5@2 × 25	1	2 × 2	2	5@1 × 13
L8	全连接层 F1	5@1 × 13	—	—	—	1@1 × 65
L9	全连接层 F2	1@1 × 65	—	—	—	1@1 × 40
L10	全连接层 F3	1@1 × 40	—	—	—	1@1 × 10
L11	Softmax 层	1@1 × 10	—	—	—	1@1 × 2
L12	输出层	1@1 × 2	—	—	—	“0” 和 “1” 两类的概率

每种工况均生成 4000 组 5 × 100 的训练样本集和预测样本集，其中完好结构和损伤结构各占一半。识别精度的定义为能正确识别出完好结构和损伤结构的组数与总预测组数之比。各工况的识别精度如表 3.6 所示。

表 3.6　各工况的识别精度　%

变异系数	工况 1	工况 2	工况 3	工况 4
0	99.95	99.95	99.95	99.95
0.05	99.78	99.60	99.95	99.60
0.10	98.35	97.64	99.95	95.25
0.15	95.08	94.32	99.95	88.90
0.20	89.88	89.34	99.93	82.43
0.25	86.30	85.48	99.66	77.93
0.30	81.13	81.55	99.43	72.55

为了研究预测样本集中结构参数随机性对 CNN 损伤识别精度的影响，图 3.24 比较了预测样本集中各结构参数随机性的 CNN 损伤识别精度。比较工况 1~4 可以发现，随着预测样本集结构参数的变异性增大，工况 4 的 CNN 损伤识别精度下降得最多、最快，这主要是由于随着变异系数的增加，各结构参数之间的相互影响也会加强，使 CNN 网络的损伤识别精度下降得更快。同时，当变异系数增加时，工况 1、2 的 CNN 损伤识别精度显著减小，且两者减小速率十分接近；而工况 3 的 CNN 损伤识别精度并没有明显下降。以上得出，在预测样本集中同时考虑多种结构参数的随机性对 CNN 损伤识别精度影响最大，且在结构参数中，质量和弹性模量的随机性对 CNN 损伤识别精度的影响起主导作用。

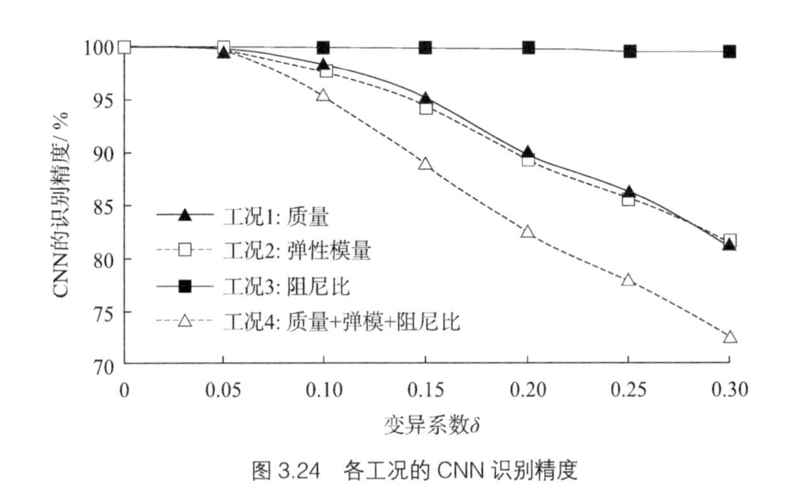

图 3.24 各工况的 CNN 识别精度

从图 3.24 可直观地看出结构参数随机性会影响到 CNN 的识别精度，这会导致 CNN 用于结构损伤识别这一技术在实际工程运用中可能存在识别准确率不稳定的问题。针对此问题，需对 CNN 网络模型进行改进，即在训练网络和预测网络中均考虑结构参数的随机性。为了后文叙述方便，如表 3.7 所示，将改进后的 CNN 网络，定义为网络模型 2，训练网络中主动考虑待预测结构可能出现的结构参数的随机性问题，采用随机的结构参数进行网络训练，并将其应用到具有结构参数变异的结构损伤预测中去；改进前的

表 3.7 CNN 网络模型的设置

名称	训练网络	预测网络
网络模型 1	不考虑结构参数随机性	考虑质量、弹性模量和阻尼比三者的随机性共同作用
网络模型 2	考虑质量、弹性模量和阻尼比三者的随机性共同作用	考虑质量、弹性模量和阻尼比三者的随机性共同作用

CNN 网络，定义为网络模型 1，训练网络采用确定性结构参数，不考虑结构参数的随机性，而在预测网络中不可避免地会出现结构参数的变异，导致与训练网络结构参数的不一致。两种网络模型在工况 4 下且无噪声影响时的识别精度如表 3.8 所示。

表 3.8　工况 4 下两种网络模型在不同变异系数下的识别精度　　%

变异系数	0	0.05	0.10	0.15	0.20	0.25	0.30
网络模型 1	99.95	99.60	95.25	88.90	82.43	77.93	72.55
网络模型 2	99.98	99.95	97.25	90.53	83.83	78.20	72.68
相对误差	0.03	0.04	2.00	1.63	1.40	0.27	0.13

为了研究 CNN 网络模型改前后识别精度的效果，图 3.25 比较了不加入噪声时两种网络模型同时考虑结构质量、弹性模量和阻尼比等随机源的 CNN 损伤识别精度。发现两种网络模型随着变异系数的增加，CNN 的损伤识别精度均有所下降，且下降趋势十分接近，网络模型 1 最低的损伤识别精度为 72.6%，网络模型 2 最低的损伤识别精度为 72.7%，且网络模型 2 比网络模型 1 的损伤识别精度最大仅高出 2%，具体识别结果如表 3.8 所示，对比发现，两者相差极小。可以得出，在不受噪声影响下，训练网络是否考虑结构随机性，对 CNN 损伤识别精度的影响不大。

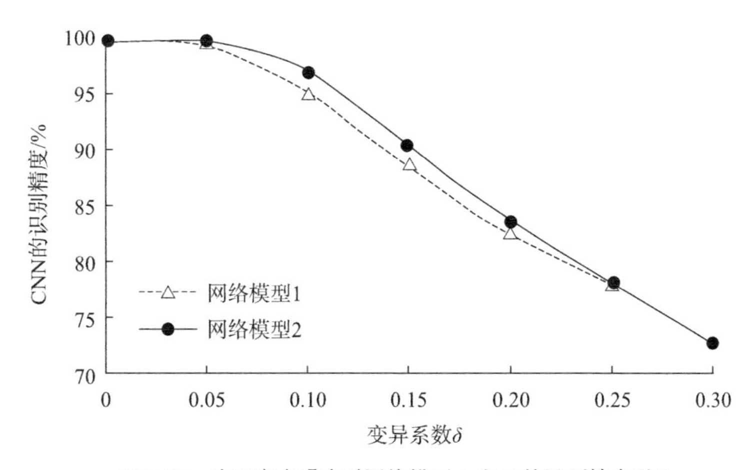

图 3.25　在不考虑噪声时网络模型 1 和 2 的识别精度对比

在实际工程运用中，采样噪声是必然存在的。为了更真实地模拟 CNN 的结构损伤识别在实际工程应用的情况，应根据信噪比（SNR）对原信号进行加噪，加噪工况如表 3.9 所示。

表 3.9　加噪工况

工况	信噪比
5	10
6	5
7	1

为了研究 CNN 网络模型改进前后在实际工程应用的使用性能，图 3.26 比较了在不同强度的均匀噪声影响下，两种网络模型同时考虑结构质量、弹性模量和阻尼比等随机源的 CNN 损伤识别精度。发现随着噪声的增加，网络模型 2 的损伤识别精度明显比网络模型 1 的更高，受到噪声的影响更小，且信噪比越大，越能体现出网络模型 2 识别精度更高的优势。可以得出，在实际工程应用中，改进后的网络模型 2，即训练网络考虑结构参数随机性的损伤识别精度会更高，且信噪比越大越有优势，因此它的工程应用范围更广。

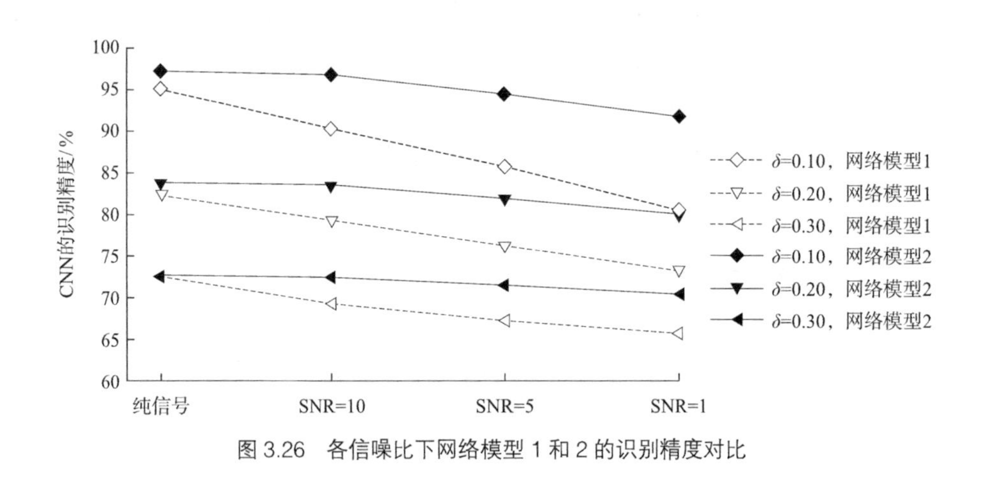

图 3.26　各信噪比下网络模型 1 和 2 的识别精度对比

综上所述，在 CNN 网络模型用于结构损伤识别时，结构参数随机性会影响到 CNN 的识别精度。其影响为结构参数的随机性会降低 CNN 的识别精度，并且这种影响是不可忽略的。其规律为同时考虑多种结构参数的随机性对 CNN 的识别精度影响最大，其中质量和弹性模量的随机性起主导作用。另外，在实际工程应用中，在训练网络中考虑结构参数随机性的损伤识别精度会更高。

第 4 章

基于卷积神经网络与对抗生成网络的结构损伤识别模型试验

4.1 CNN 应用于结构损伤识别的试验验证

在上一章，我们采用数值模拟的方式对 CNN 进行损伤识别进行了验证，在本章中，我们将采用模型实验的方式，就 CNN 对实际结构的损伤识别进行研究。其研究思路如下：首先根据试验结构建立有限元模型，通过数值模拟得到结构加速度响应信号；再以此加速度响应信号作为输入数据，通过训练得到 CNN 网络模型；最后以试验实测的加速度响应信号验证 CNN 的识别精度。

4.1.1 试验模型

本试验的实际模型如图 4.1 所示。该结构由 2 根工字钢和钢缀板组合而成，缀板与主梁之间的连接采用三面围焊，支座采用聚四氟乙烯板。采样点位于缀板顶面中心位

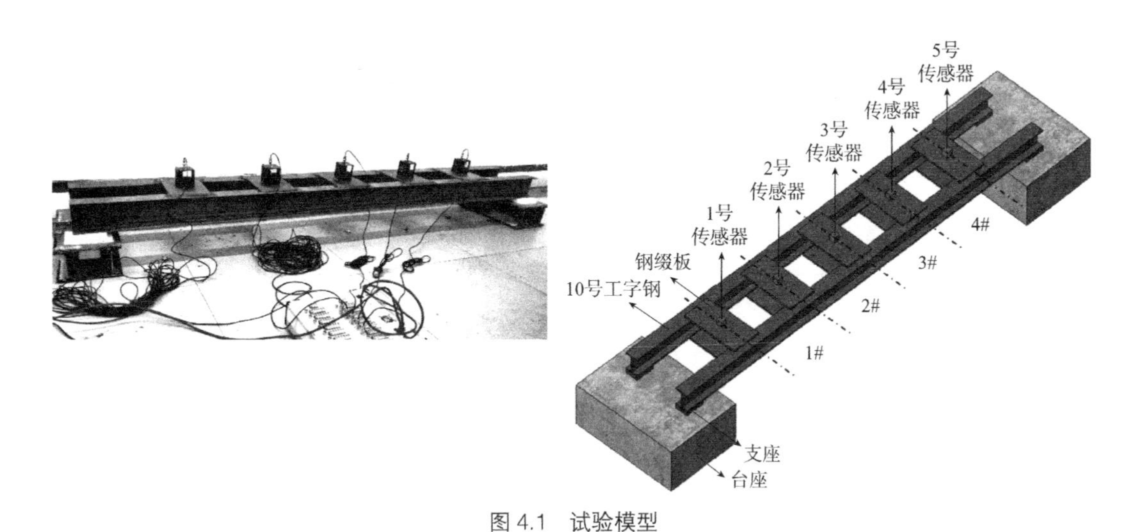

图 4.1　试验模型

置，加速度传感器与结构之间采用黄油黏结，以保证两者间不会发生相对位移。

主梁采用10号工字钢，每根主梁长2.2m，计算跨径为2.1m，主梁中心间距0.2m，钢缀板作为横向联系，其尺寸为0.15m×0.22m×0.05m，相邻缀板之间的中心间距为0.35m，净距为0.2m（图4.2）。

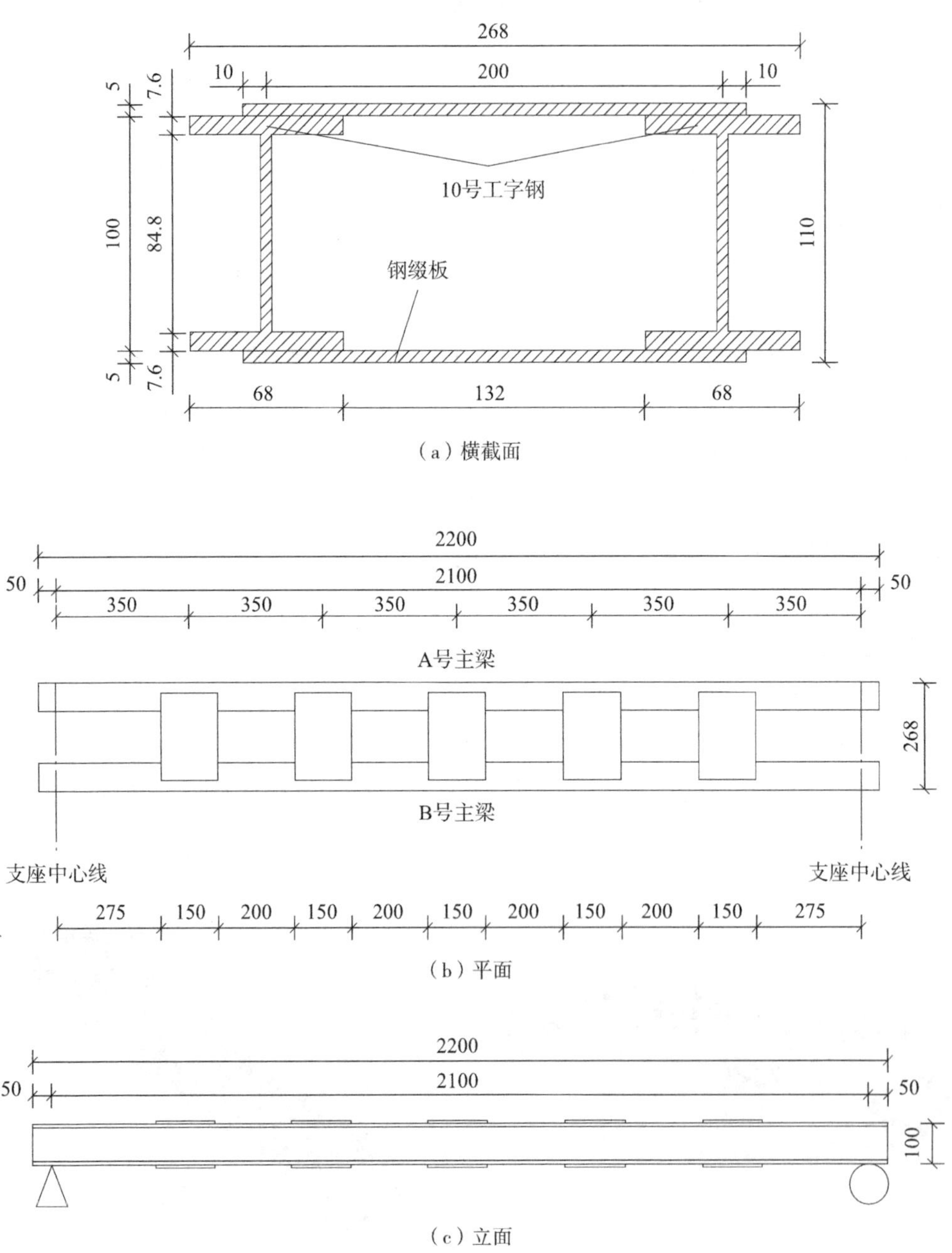

图4.2　试验结构详细尺寸（单位：mm）

4.1.2　有限元模型

本章的有限元模型采用 ANSYS 软件建立。为了使有限元模型与试验结构更相近，采用 Shell63 单元进行建模，其 ANSYS 软件建立的有限元模型如图 4.3 所示，建模参数如表 4.1 所示。

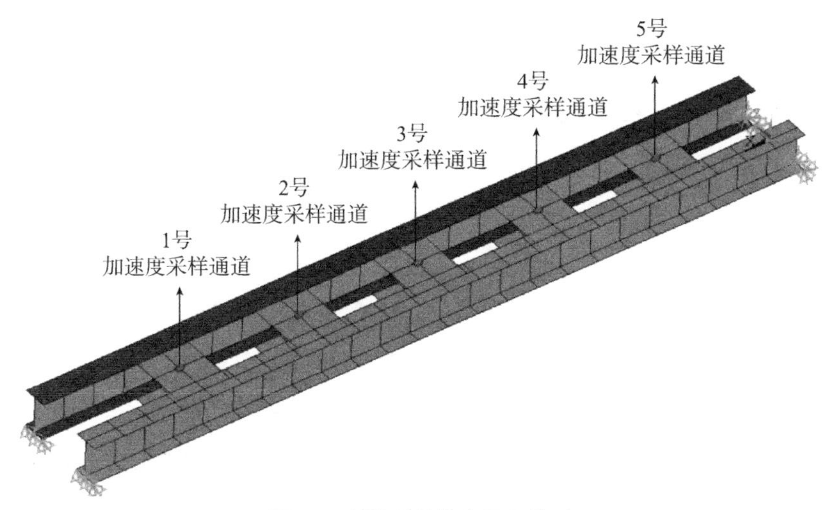

图 4.3　试验结构的有限元模型

表 4.1　建模参数

参数类型	参数	数值
截面特性参数	工字钢顶板厚度 /mm	7.6
	工字钢底板厚度 /mm	7.6
	工字钢腹板厚度 /mm	4.5
	缀板厚度 /mm	5.0
材料特性参数	质量密度 /（$kg \cdot m^{-3}$）	8006
	弹性模量 /MPa	2.06×10^5
	泊松比	0.31
	阻尼比	0.01
结构特性参数	主梁梁长 /m	2.1
	节点总数 / 个	370
	单元总数 / 个	280
	边界约束	简支梁约束

有限元模型中单个主梁分为 24 个节段，每个节段由 5 个板单元组成。双主梁中心间距为 0.2m，以缀板连接，缀板的模拟由 4 个板单元组成。全模型共有 370 个节点，280 个板单元。在有限元模型中模拟结构损伤的方法是直接删除与实际结构损伤位置相对应的单元。

外激励采用脉冲激励，垂直向下作用于两片主梁顶板的任意位置。同时在试验加载过程中，为对脉冲激励起始作用时间点进行随机模拟，本试验起始作用时间点在 0~1.2s 内随机取值。在有限元模型中，以图 4.3 所示的 5 个节点作为加速度响应的采样通道，每个通道的采样频率均为 200Hz，采集 1.5s 内共 300 个数据，因此 CNN 网络中的每个样本的大小为 5 × 300。图 4.4 所示为在某次脉冲激励作用下结构加速度响应的有限元数据。

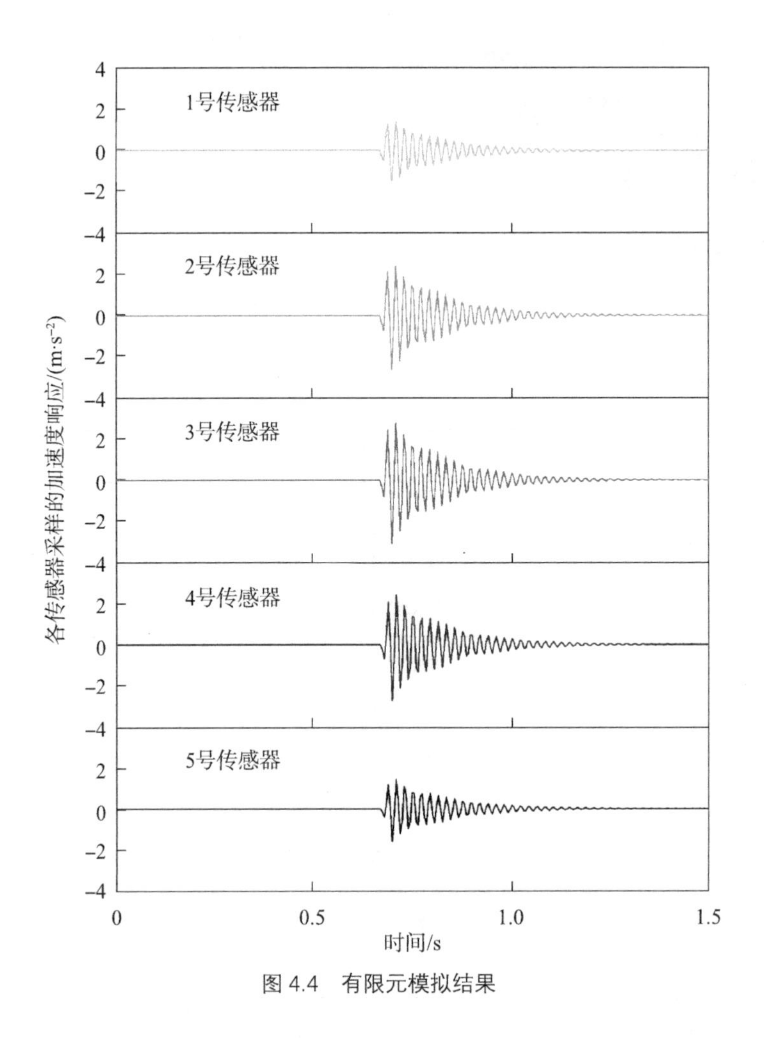

图 4.4 有限元模拟结果

4.1.3 试验方案

（1）试验结构的损伤设计

本结构共分为4个节段，分别编为1~4号，如图4.5所示。试验中结构损伤的实现是通过同时切割两片主梁各节段外侧下翼缘。本试验共设计了4种损伤工况，如表4.2所示，其中切块的中点位置为各节段中心，切块的长度为17cm，切块的宽度为2cm，如图4.6所示。

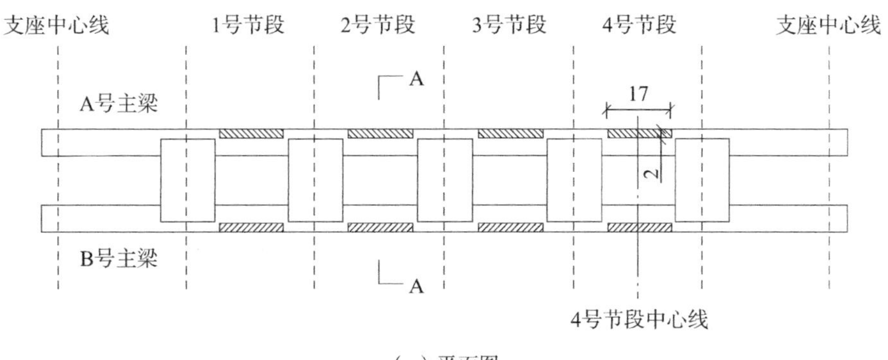

（a）平面图

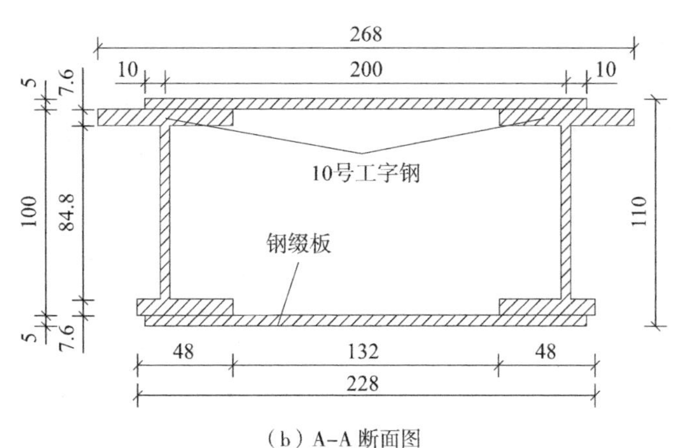

（b）A-A断面图

图4.5　损伤后的结构（单位：mm）

表4.2　试验工况

编号	工况描述
损伤工况1	损伤2号节段外侧下翼缘
损伤工况2	损伤2号、3号节段外侧下翼缘
损伤工况3	损伤2号、3号、4号节段外侧下翼缘
损伤工况4	损伤1号、2号、3号、4号节段外侧下翼缘

图 4.6　实际损伤

（2）作用激励与结构加速度响应

外激励采用脉冲激励，如图 4.7 所示。脉冲激励的作用方向、作用点和作用起始时间点的取值如表 4.3 所示。

图 4.7　对试验结构施加脉冲激励

表 4.3　脉冲激励的参数

类别	取值范围
脉冲激励的方向	垂直向下
脉冲激励的作用点	两片主梁顶板不含支座范围的任意位置
脉冲激励的作用起始时间点	0~1.2s 中任意的随机数

以图 4.1 中 5 个传感器作为加速度响应的采样通道，采样频率为 200Hz，在某次脉冲激励下，每个传感器采集 300 个加速度响应数据。图 4.8 为在某次脉冲激励下结构加速度响应的试验实测数据。

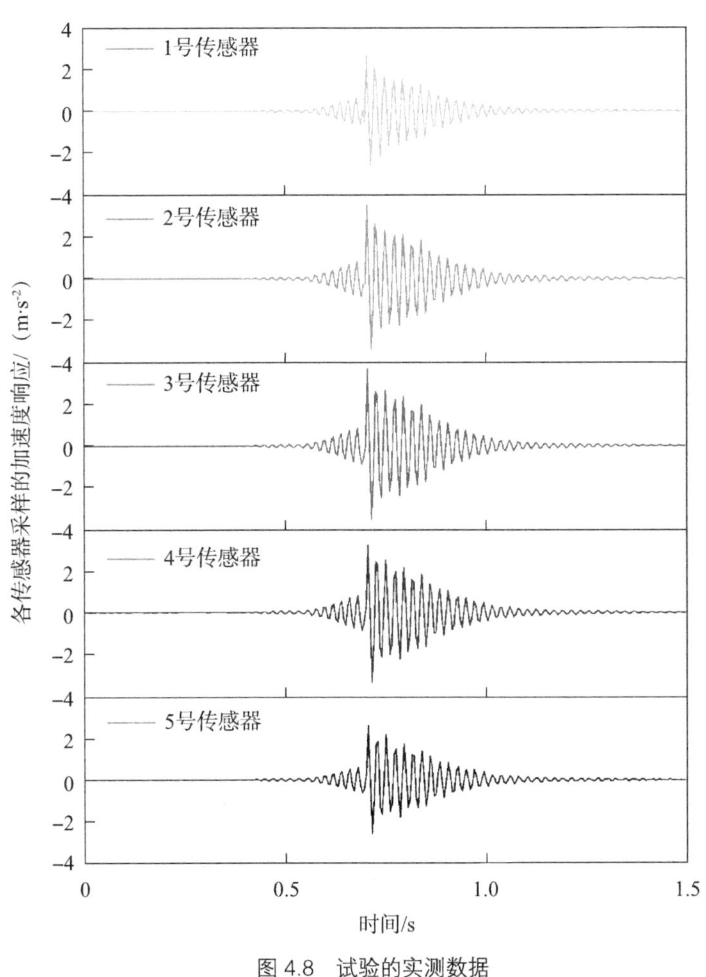

图 4.8　试验的实测数据

4.1.4　试验结果及分析

根据本试验的具体情况，设计出 CNN 网络模型的框架及超参数如表 4.4 所示。

训练样本为有限元数据，共 4000 组样本，其中完好结构和损伤结构的加速度响应数据各 2000 组，每组样本大小为 5 × 300。预测样本分为有限元数据和试验实测数据，各 2000 组。识别结果如图 4.9 所示，具体识别率如表 4.5 所示。结果表明，CNN 在结构损伤识别的实际应用中具有较好的识别精度，是一种可靠的结构损伤检测工具。

表 4.4　CNN 网络参数

网络层	模块	输入 （个数 @ 通道数 × 通道采样点数）	运算核数量	运算核大小	滑动步长	输出 （个数 @ 通道数 × 通道采样点数）
L1	输入层	1@5 × 300	—	—	—	1@5 × 300
L2	卷积层 C1	1@5 × 300	10	5 × 5	1	10@5 × 300
L3	池化层 P1	10@5 × 300	1	2 × 2	2	10@3 × 150
L4	卷积层 C2	10@3 × 150	10	5 × 5	1	10@3 × 150
L5	池化层 P2	10@3 × 150	1	2 × 2	2	10@2 × 75
L6	卷积层 C3	10@2 × 75	10	5 × 5	1	10@2 × 75
L7	池化层 P3	10@2 × 75	1	2 × 2	2	10@1 × 38
L8	全连接层 F1	10@1 × 38	—	—	—	1@1 × 380
L9	全连接层 F2	1@1 × 380	—	—	—	1@1 × 150
L10	全连接层 F3	1@1 × 150	—	—	—	1@1 × 40
L11	Softmax 层	1@1 × 40	—	—	—	1@1 × 2
L12	输出层	1@1 × 2	—	—	—	“0” 和 “1” 两类的概率

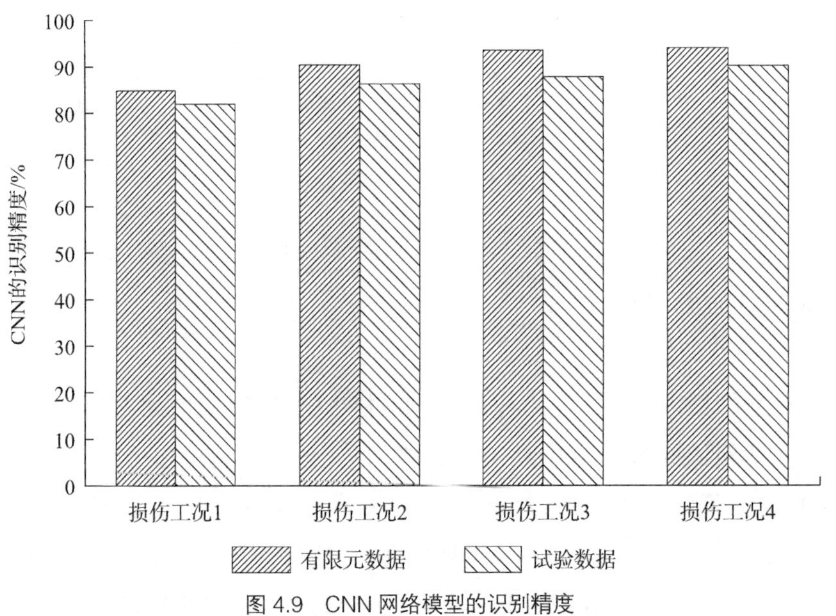

图 4.9　CNN 网络模型的识别精度

表 4.5　各损伤工况下 CNN 网络模型的识别结果　%

类别	损伤工况 1 的识别精度 /%（1）	损伤工况 2 的识别精度 /%（2）	损伤工况 3 的识别精度 /%（3）	损伤工况 4 的识别精度 /%（4）	平均识别精度 [（1）+（2）+（3）+（4）]/4
有限元数据	84.6	90.4	93.3	93.8	90.5
试验数据	81.9	86.1	85.8	90.1	86.5

4.2　DCGAN 应用于结构损伤识别的试验验证

4.2.1　DCGAN 在结构损伤识别中的原理

结构损伤识别的问题，本质上是对结构完好状态或损伤状态的判断。传统的损伤识别方法，需先构建结构数学模型，再使用该模型阐明结构行为并建立损坏条件与结构响应之间的相关性。因此，传统的损伤识别方法存在一定局限性。相比于传统损伤识别方法，采用深度卷积生成对抗网络是完全基于数据特征，能更客观反映数据真实分布规律的一种方法。它能学习到输入与输出之间的映射关系，因此不需要构建结构的数学模型。

由 DCGAN 的基本原理可知，达到纳什均衡的生成器和判别器具有极强的生成能力和判别能力。针对结构损伤识别的问题，可利用 DCGAN 中判别器极强的甄别能力来解决。由于判别器能判断出输入数据是真实数据或是生成数据的概率，因此，可把结构的完好状态作为真实数据，训练 DCGAN 网络模型，使判别器学习到结构的完好状态，并基于学习到的结构完好状态，甄别出结构的损伤状态，从而达到结构损伤识别的目的。

结构动力测试数据包含了能反映结构是完好或损伤状态的信息。因此，本章采用结构动力测试数据，进行结构的损伤识别。由结构动力学可知，结构振动具有一定的规律性，主要表现在其振型上。振型是结构的基本属性，与外激励的强弱无关，振型体现为结构上多个采样通道采集的振动信号之间的相互关系，其中振动信号可以用位移、速度或者加速度来表达。

本章采用结构上多个采样通道采集的加速度响应数据来反映结构的振型，结构的振型中包含了能反映结构是否损伤的信息。因此本章以完好结构的加速度响应反映结构完好状态，以损伤结构的加速度响应反映结构损伤状态。如图 4.10 所示，DCGAN 在结构损伤识别中的基本原理为：首先采集完好结构上多个采样点的加速度响应数据，组成能反映结构振型的特征矩阵作为真实数据 x，然后进行对抗训练，得到判别能力十分强大

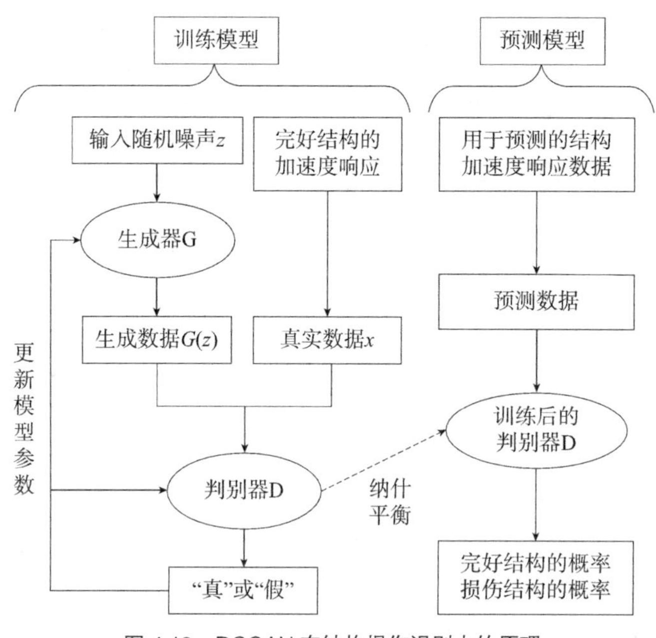

图 4.10　DCGAN 在结构损伤识别中的原理

的判别器，并存储判别器，最后将任意的结构上多个采样点的加速度响应数据作为预测数据，输入到已训练好的判别器中进行判别计算，输出为完好结构或损伤结构的概率，从而识别出结构是否存在损伤。

4.2.2　DCGAN 网络模型设计

本章设计的 DCGAN 的网络模型如图 4.11 所示，其中生成器和判别器采用完全对称的结构，在本章研究中，生成器与判别器各设 3 层隐含层，每一层隐含层内部依次进行反卷积 / 卷积、批标准化、激活函数、防止过拟合等 4 个操作，如图 4.12 和图 4.13 所示。

4.2.3　简支梁试验验证

本节试验结构以及试验方案与第 4.1 节中的简支梁试验相同，模型具体细节在此不再赘述。

（1）试验样本

完好结构采集了 2000 组试验数据，损伤结构共采集了 500 组试验数据。每一组数据均由 5 个传感器采集的加速度响应数据组合而成，一组数据的大小为 5 × 300。本试验样本的大小为 2500 × 5 × 300。

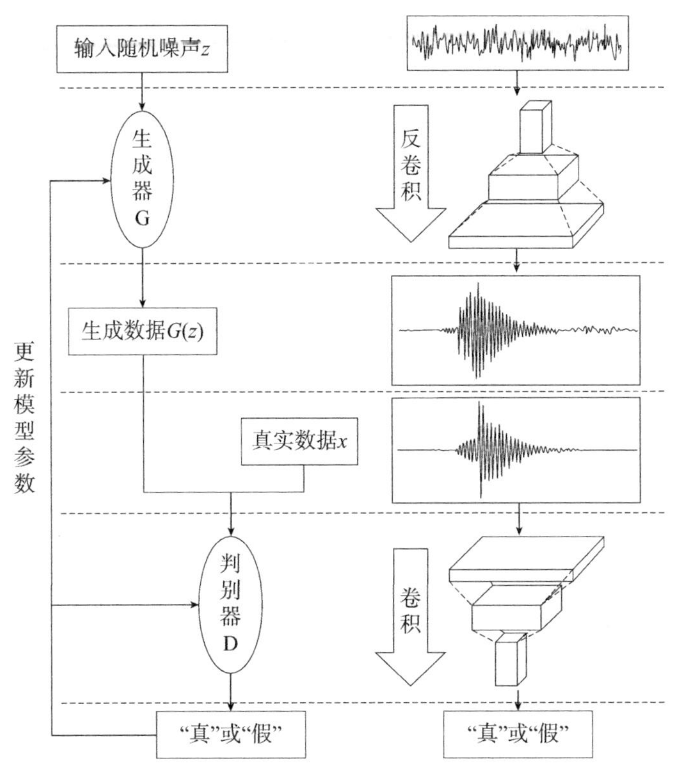

图 4.11　DCGAN 网络模型示意图

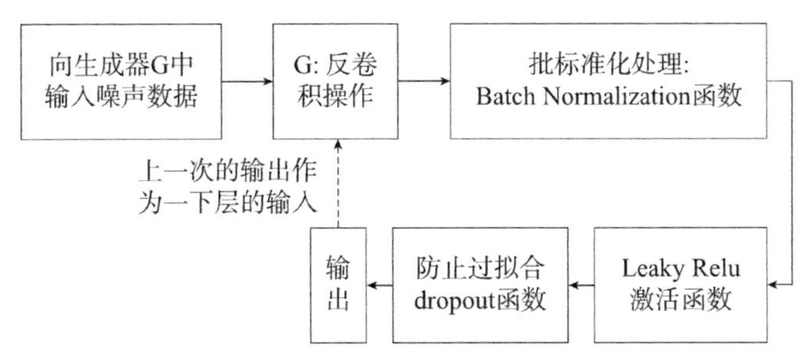

图 4.12　生成器单隐含层的结构

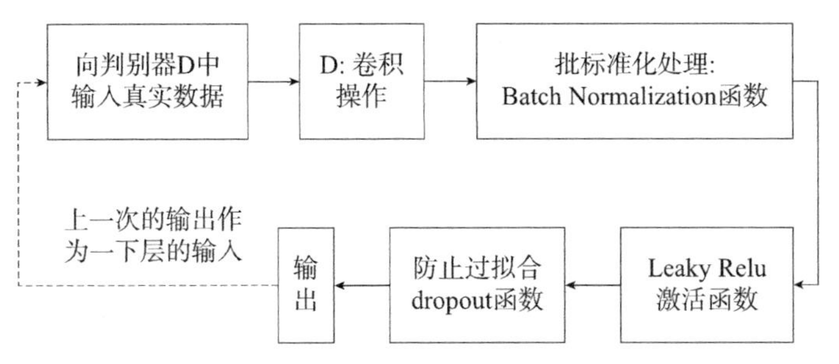

图 4.13　判别器单隐含层的结构

本试验数据由 3 部分组成：第一部分是由 1500 组完好结构的加速度响应数据组成的样本集 *A*；第二部分是由另一批未参与训练的 500 组完好结构加速度响应数据组成的样本集 *B*；第三部分是由 500 组损伤结构的加速度响应数据组成的样本集 *C*。样本集 *A* 作为训练数据用于网络训练，样本集 *B* 和样本集 *C* 作为预测数据用于损伤识别。

（2）网络的训练与预测

本章以样本集 *A* 即完好结构的加速度响应数据作为真实数据，并训练 DCGAN 网络模型，得到具有极强判别能力的判别器和极强模仿能力的生成器。首先应判断 DCGAN 网络是否已训练完成，且无过拟合现象。然后利用已训练完成的判别器，对预测样本进行判别，判断出结构是否损伤。最后分别计算出判别器识别出完好结构或损伤结构的准确率。

（3）试验结果

为了验证 DCGAN 网络模型已训练完成并且能用于预测，需对训练后的 DCGAN 进行测试。如图 4.14 所示是由生成器生成的一组具有代表性的完好结构加速度响应，可看出由 DCGAN 生成的完好结构加速度响应能较好地模拟试验中真实的完好结构加速度响应。另外再以样本集 *A* 作为测试数据输入到训练完成后的判别器中，可以得到样本集 *A* 的识别精度为 100%。综合这两点可以得出，训练完成后的生成器和判别器已经学习到了真实数据的分布规律，换言之，训练完成后的判别器已知完好结构的加速度响应，故此可用训练完成后的 DCGAN 进行结构的损伤识别。

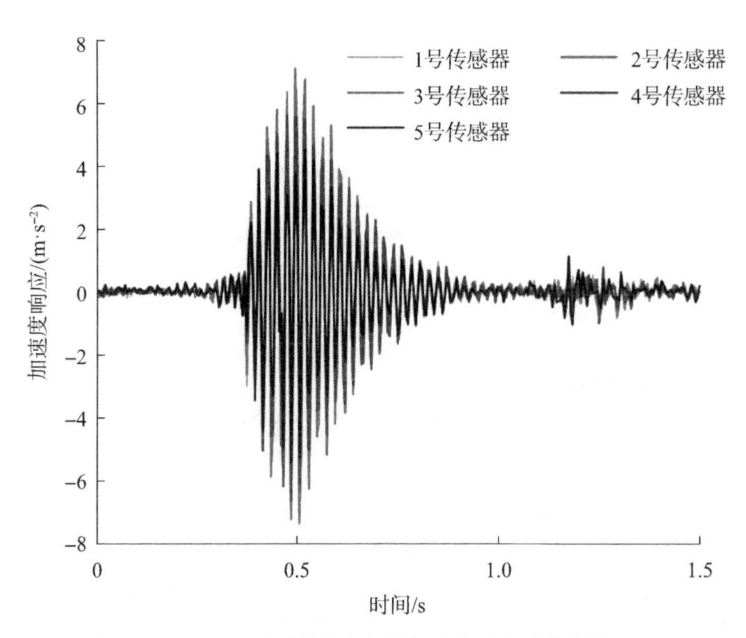

图 4.14　生成的完好结构加速度响应时程曲线

为了研究DCGAN是否能运用于结构损伤识别的问题，表4.6给出了样本集*A*~*C*的理论目标结果和用DCGAN预测后的实际识别结果。其中样本集*A*和*B*的理论目标结果为完好结构，样本集*C*的理论目标结果为损伤结构。实际识别结果中，用样本集*A*即完好结构的加速度响应数据作为预测数据输入训练完成的判别器，其反馈的结果是真实数据，换言之，训练完成后的判别器能判断出样本集*A*是完好结构的加速度响应；用样本集*B*即另一批未参与网络模型训练的完好结构加速度响应数据作为预测数据输入训练完成的判别器，其反馈的结果是真实数据，换言之，训练完成后的判别器能判断出样本集*B*是完好结构的加速度响应。结果表明，样本集*A*和*B*的实际识别结果均为完好结构，前者是已经用于训练的数据，后者是未参与训练的数据，这说明DCGAN网络模型没有出现过拟合现象，则可对样本集*C*进行预测。实际识别结果中，用样本集*C*即损伤结构的加速度响应数据作为预测数据，输入训练完成的判别器，其反馈的结果是非真实数据，换言之，训练完成后的判别器能判断出样本集*C*是损伤结构的加速度响应，即样本集*C*的实际识别结果为损伤结构。综合比较样本集*A*~*C*的理论目标结果和实际识别结果，可得理论结果和实际结果完全一致。说明以完好结构的加速度响应数据作为真实数据的输入，通过训练，得到具有极强判别能力的判别器，此判别器能判断出结构是否损伤。综上所述，通过简支梁试验验证了DCGAN能用于结构损伤识别。

表4.6　各样本集的预测结果

样本集	理论目标结果	实际识别结果
A	完好结构	识别为完好结构且识别精度为100%
B	完好结构	识别为完好结构且识别精度为99.6%
C	损伤结构	识别为损伤结构且识别精度为100%

为了研究不同的训练样本组数对DCGAN损伤识别精度是否存在影响的问题，本章以8种不同的训练样本组数进行训练（表4.7）。图4.15比较了在不同的训练样本组数下DCGAN的结构损伤识别的精度，训练样本组数为100组时，识别精度最低，只有26.1%；训练样本组数为1500组时，识别精度最高为99.9%。同时，对比不同训练样本组数的识别精度可以发现，随着训练样本组数的增加，DCGAN的识别精度也在增加。不仅如此，训练样本数在100~500组时，DCGAN的识别精度均不高，且识别精度变化较大，说明DCGAN在小训练样本组数时，其只学会了小训练样本范围内的结构加速度响应的数据特征，虽然DCGAN具有一定的泛化能力，但预测样本中有一

部分数据特征依然不在小样本范围内以及不在DCGAN泛化范围内，从而导致DCGAN的识别精度不高。样本数在900~1500组时，DCGAN的识别精度均在95%以上，且识别精度的变化不大，趋于稳定，说明DCGAN在大训练样本组数下，其能学习到大样本范围内的结构加速度响应的数据特征，且能获得较大的泛化范围，因此DCGAN的识别精度较高且较为稳定。综上所述，不同的训练样本组数对DCGAN损伤识别有较大影响，在大量的训练样本组数的情况下，DCGAN的识别精度较高，因此，在实际工程运用中，要有较多的训练样本组数，才能保证DCGAN的识别精度具有较高水准。

表4.7　训练样本的组数

序号	1	2	3	4	5	6	7	8
训练样本数/组	100	300	500	700	900	1100	1300	1500

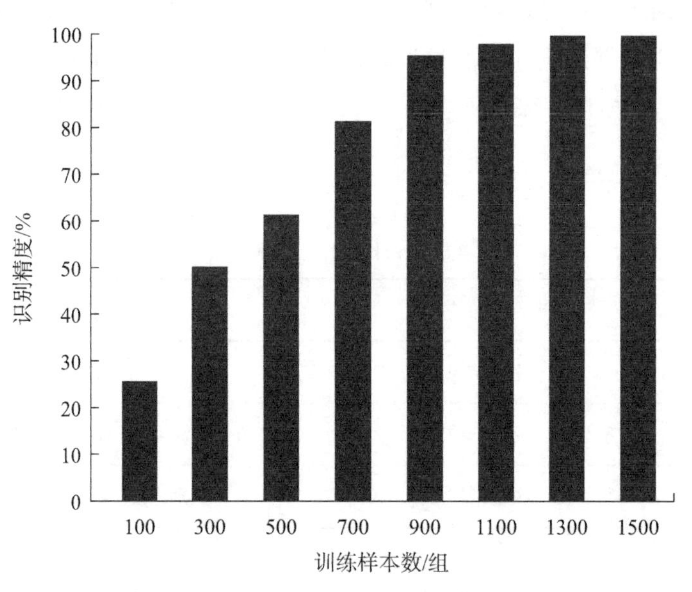

图4.15　不同训练样本组数的识别精度

（4）DCGAN的抗噪性能研究

在实际工程运用中，工程结构所处的环境是多样的、复杂的以及在采集信号时不可避免会带有噪声。试验的原始采样信号虽然带有环境噪声，但噪声强度较小，为了更明显地研究DCGAN的抗噪能力和鲁棒性，人为引入了更大强度的噪声，因此，根据信噪比对试验采集的原始信号进行人为加噪。在原信号中加入白噪声的工况见表4.8。由于篇幅有限，本文只展示了损伤结构的原信号、信噪比为15的噪声和带噪信号，以及完好结构的原信号、信噪比为 1 的噪声和带噪信号（图 4.16、图 4.17）。对比可得，信噪比越小即噪声强度越大时，噪声对结构的加速度响应会产生较大的影响，会改变结构加速度响应数据中带有能反映结构属性的信息。

表 4.8　加噪工况

序号	信噪比	工况描述
1	不加噪声	对预测样本不加入噪声
2	SNR=30	对预测样本加入信噪比为 30 的白噪声
3	SNR=25	对预测样本加入信噪比为 25 的白噪声
4	SNR=20	对预测样本加入信噪比为 20 的白噪声
5	SNR=15	对预测样本加入信噪比为 15 的白噪声
6	SNR=10	对预测样本加入信噪比为 10 的白噪声
7	SNR=5	对预测样本加入信噪比为 5 的白噪声
8	SNR=1	对预测样本加入信噪比为 1 的白噪声

图 4.18 比较了不同噪声强度影响下 DCGAN 的识别精度。从不加噪声到 SNR=15，DCGAN 的识别精度极高，均在 97% 以上；当 SNR=10 时，DCGAN 的识别精度有所下降，其值为 86.1%，识别精度依然较高；当 SNR=1~5 时，DCGAN 的识别精度较低，只有 50% 左右。以上说明，随着噪声强度的增加，DCGAN 的识别精度在一定噪声强度范围内具有极强的识别精度，但如果噪声强度过大，噪声则会对原信号产生极大改变，导致 DCGAN 的识别精度骤然下降，从而使 DCGAN 不能判断出结构是否存在损伤。这主要是由于噪声强度过大会改变原信号中的关键信息，导致 DCGAN 提取的特征与真实数据的特征产生较大的区别，从而降低识别精度。这个现象与在人脸识别和语音识别中噪声强度过大时识别精度会大大降低的情况相似。总体而言，以完好结构作为真实数据进行训练的 DCGAN 网络具有极强的判别能力，在复杂的环境和一定噪声强度范围内，DCGAN 的识别精度表现依旧良好，能有效地判断出完好结构和损伤结构。由此证明 DCGAN 在结构损伤识别的实际运用过程中具有良好的抗噪能力和鲁棒性。并且，基于 DCGAN 具有无监督学习能力，在实际工程运用中，只需要得到完好结构的加速度响应，便能进行结构的损伤识别，在实际工程运用中十分便捷。

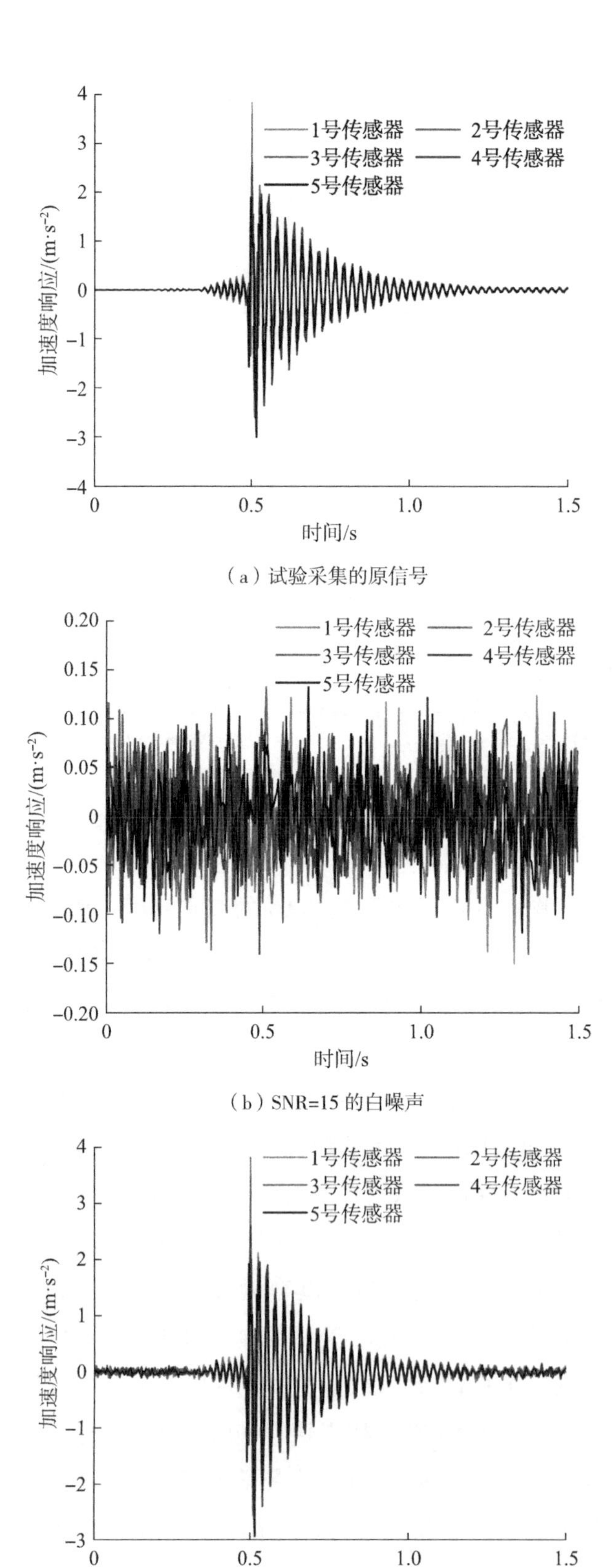

（a）试验采集的原信号

（b）SNR=15 的白噪声

（c）SNR=15 的带噪信号

图 4.16　损伤结构在信噪比为 15 时的加速度响应

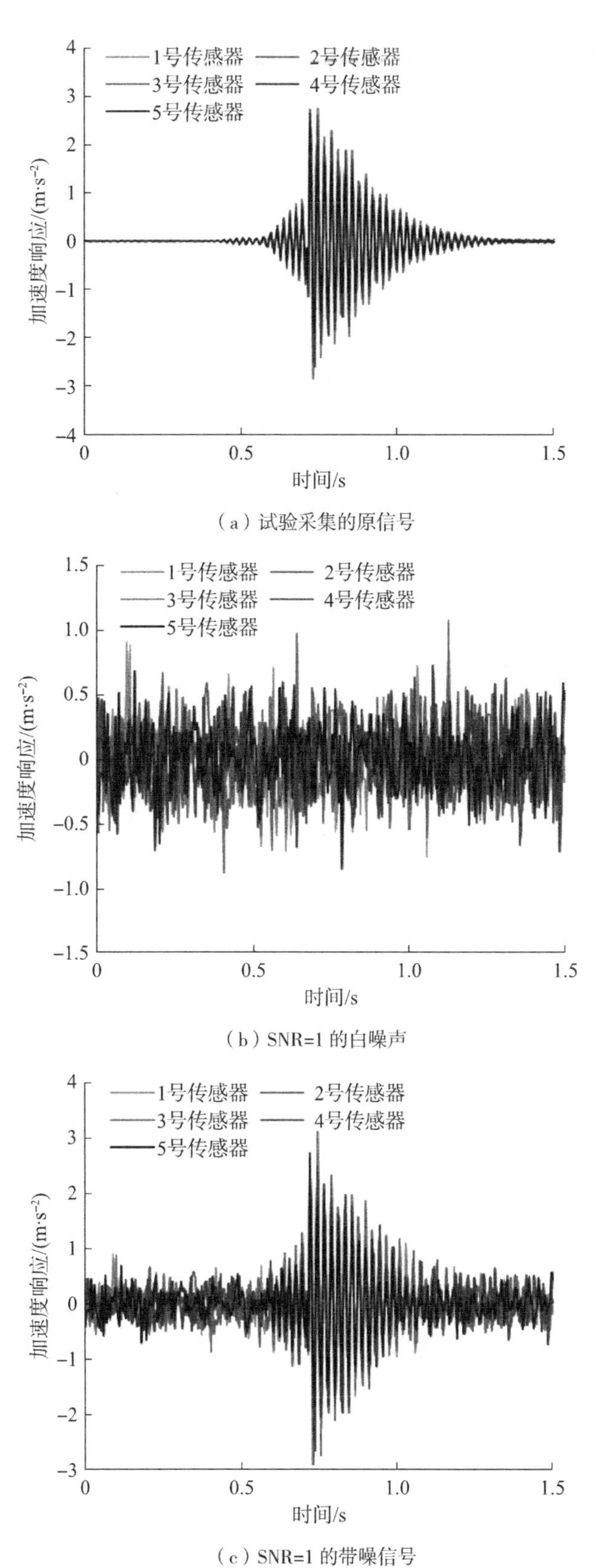

（a）试验采集的原信号

（b）SNR=1 的白噪声

（c）SNR=1 的带噪信号

图 4.17　完好结构在信噪比 =1 时的加速度响应

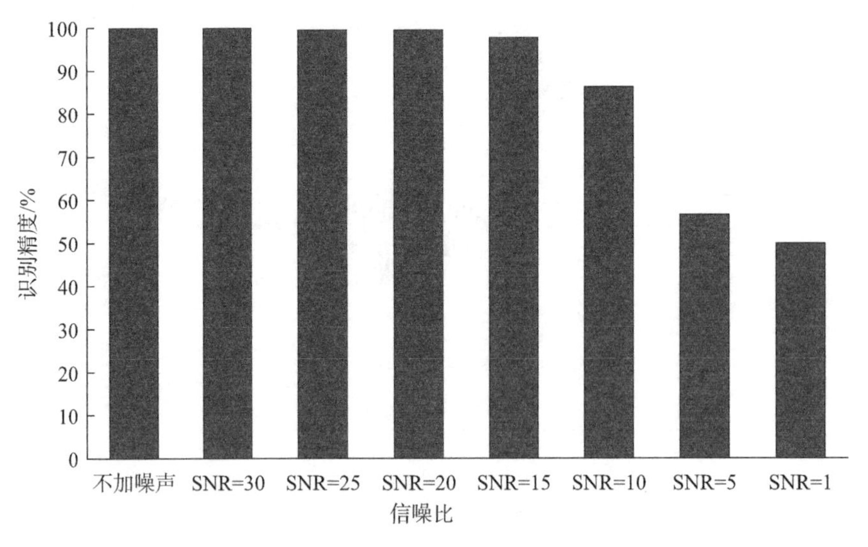

图 4.18　不同信噪比下 DCGAN 的识别精度

4.2.4　连续梁试验验证

(1) 试验梁设计

本连续梁试验由两根工字钢和钢缀板组合而成（图 4.19）。主梁采用 10 号工字钢，每根主梁全长为 3.1m，计算跨径为 3.0m，主梁中心间距 0.2m，钢缀板作为横向联系，其尺寸为 0.10m × 0.22m × 0.05m，相邻缀板之间的中心间距为 0.40m，净距为 0.3m（图 4.20）。

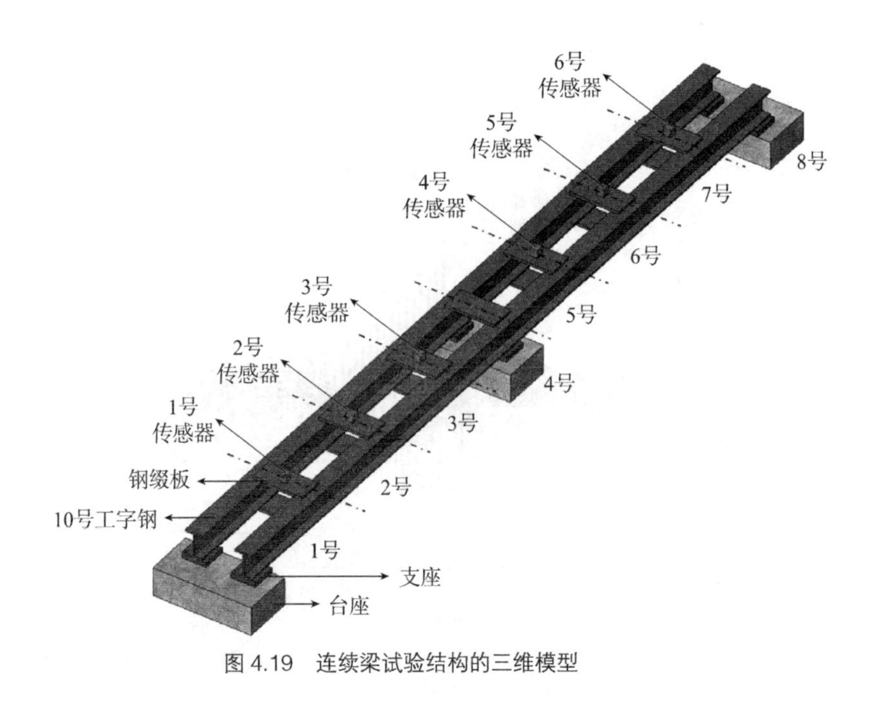

图 4.19　连续梁试验结构的三维模型

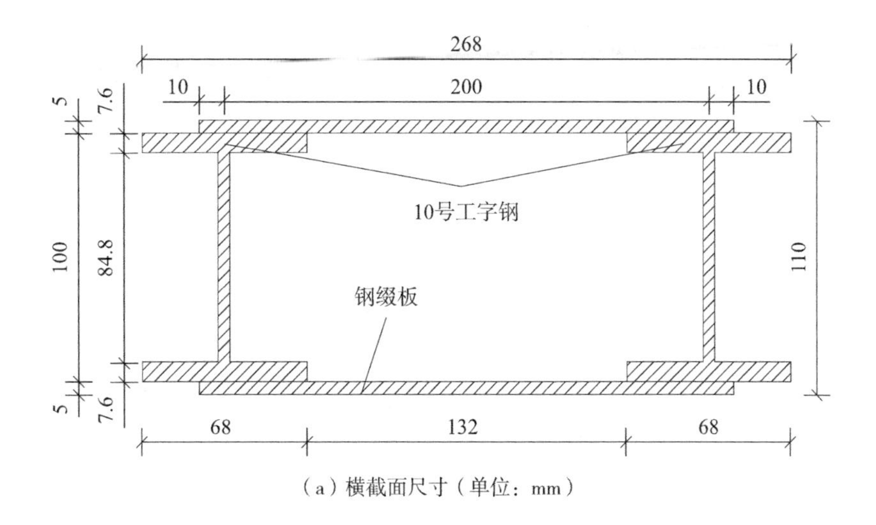

（a）横截面尺寸（单位：mm）

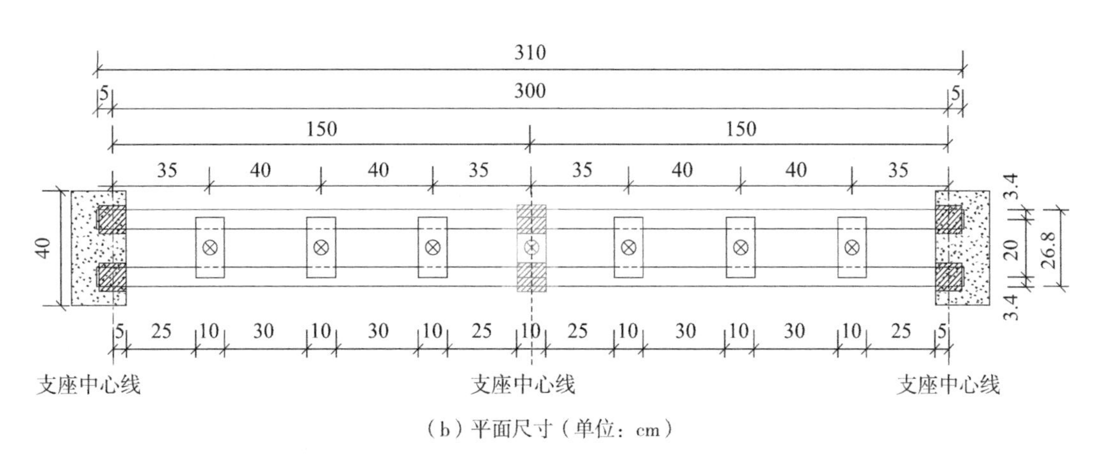

（b）平面尺寸（单位：cm）

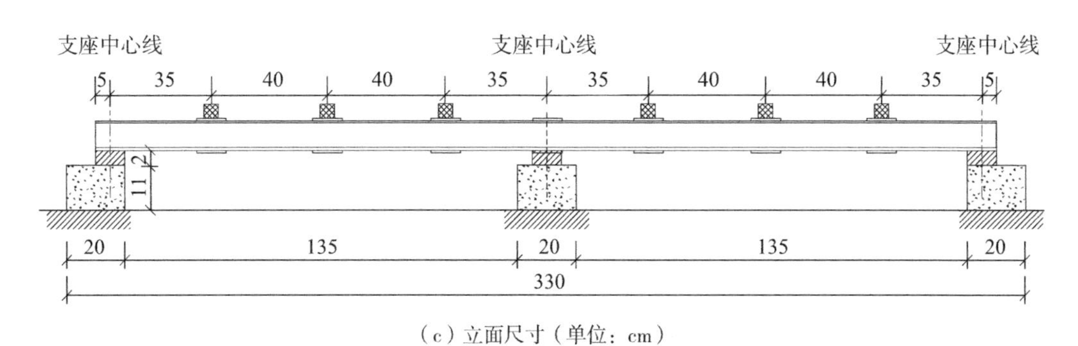

（c）立面尺寸（单位：cm）

图 4.20 连续梁试验结构的详细尺寸

实际模型如图 4.21 所示，缀板与主梁之间的连接采用三面围焊，支座采用聚四氟乙烯板。采样点位于缀板顶面中心位置，加速度传感器与结构之间采用黄油黏结，以保证两者间不会发生相对位移。

图 4.21 连续梁的试验结构

（2）连续梁试验结构损伤设计

该连续梁结构分为 8 个节段，分别编为 1~8 号（图 4.18）。本连续梁试验的损伤是通过在主梁下缘切割多条切缝来实现，共设计了 5 种损伤工况（表 4.9、图 4.22）。其中切缝在主梁的下缘，切缝长度与主梁翼板长度相同，切缝间距约 10m，切缝深度 150~280mm，切缝会深入到腹板（图 4.23）。

表 4.9 连续梁的损伤工况

编号	损伤情况描述
损伤工况 1	损伤 2 号节段主梁下缘
损伤工况 2	损伤 2 号、6 号节段主梁下缘
损伤工况 3	损伤 2 号、6 号、3 号节段主梁下缘
损伤工况 4	损伤 2 号、6 号、3 号、5 号节段主梁下缘
损伤工况 5	损伤 2 号、6 号、3 号、5 号、8 号节段主梁下缘

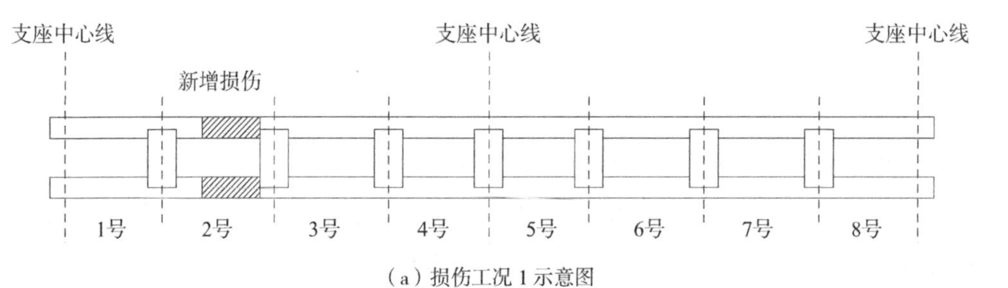

（a）损伤工况 1 示意图

图 4.22 连续梁试验结构的损伤工况

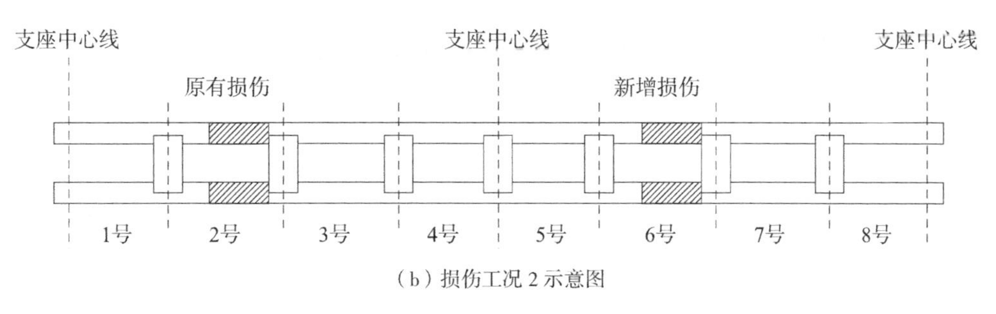

（b）损伤工况 2 示意图

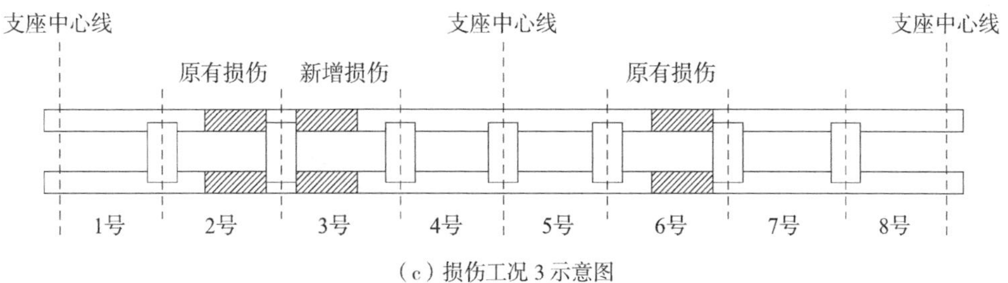

（c）损伤工况 3 示意图

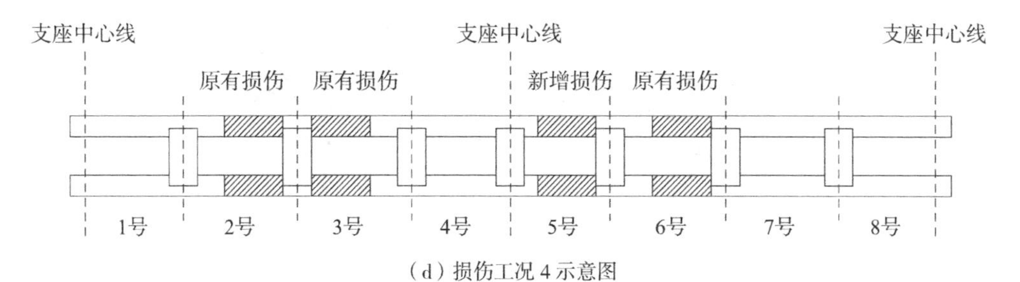

（d）损伤工况 4 示意图

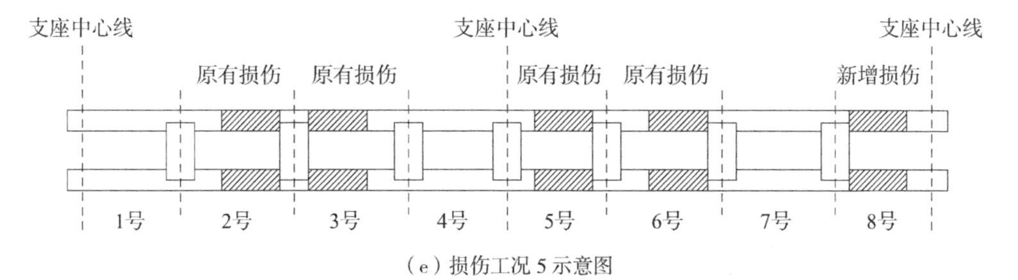

（e）损伤工况 5 示意图

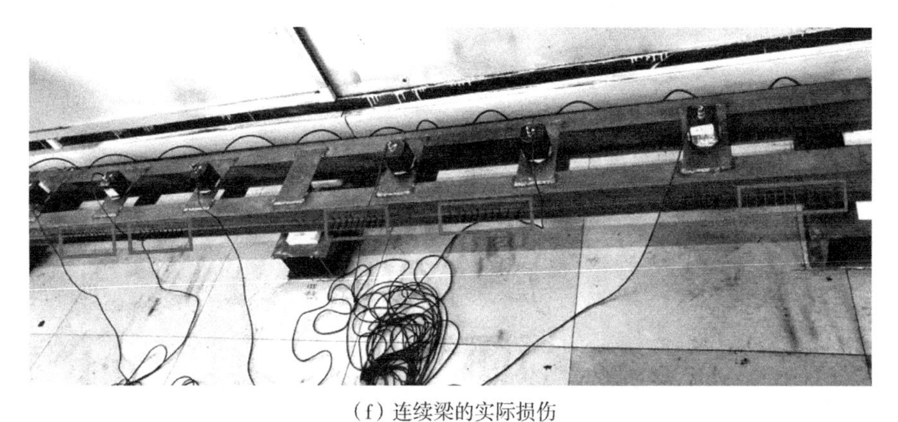

（f）连续梁的实际损伤

图 4.22　连续梁试验结构的损伤工况（续）

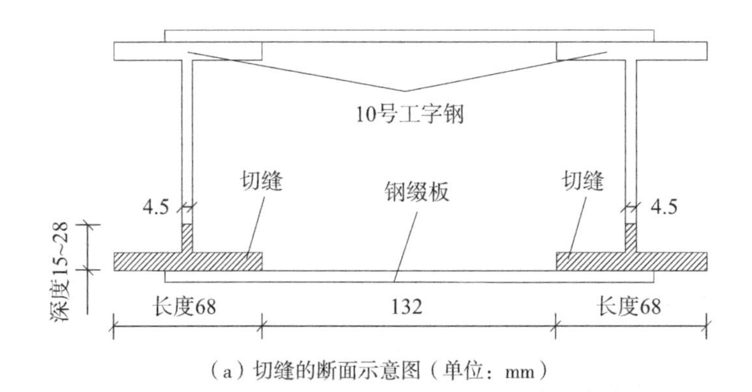

（a）切缝的断面示意图（单位：mm）

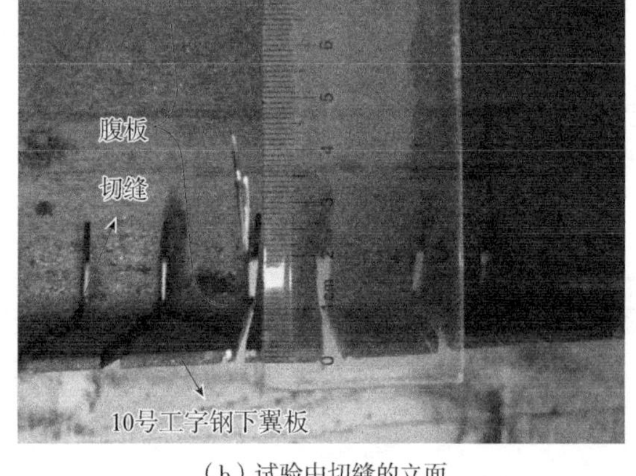

（b）试验中切缝的立面

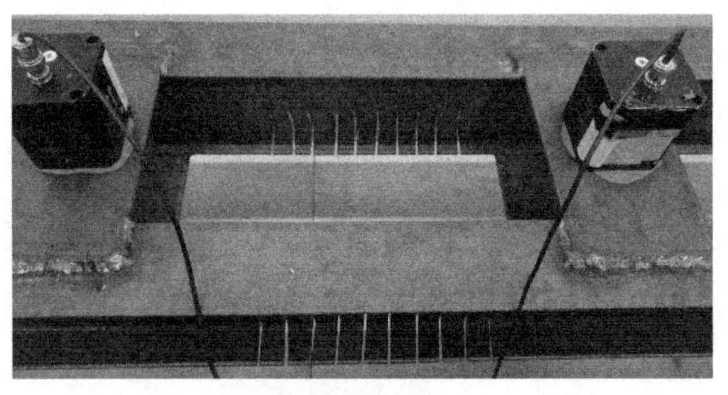

（c）试验中的切缝

图 4.23　切缝

（3）作用激励与采集结构加速度响应

以图 4.19 中的 6 个传感器作为加速度响应的采样通道，其采样频率均为 200Hz，采集 1.5s，则一个采样通道即可采集 300 个数据，因此 CNN 网络中的每个样本的大小为 6 × 300。作用激励采用脉冲激励，其作用方向垂直向下。在连续梁试验中，设计了 3 种脉冲激励的作用情况（表 4.10）。图 4.24 为脉冲激励的 3 种不同作用情况下结构的加速度响应。

表 4.10 脉冲激励的作用情况

序号	情况描述
1	在 1.5s 采样时间内，一个作用点上作用一次脉冲激励
2	在 1.5s 采样时间内，一个作用点上作用两次脉冲激励
3	在 1.5s 采样时间内，两个作用点上各作用两次脉冲激励

（4）预测结果与分析

本节连续梁的试验样本分为训练样本和预测样本。根据 DCGAN 在结构损伤识别中的原理可知，以完好结构的加速度响应作为训练样本；预测样本是由一部分未参与训练的完好结构的加速度响应和损伤结构的加速度响应组成。

为了研究多种脉冲激励作用情况下 DCGAN 的准确性。把如图 4.24 所示的 3 种脉冲激励作用情况下的结构加速度响应数据混合在一起进行 DCGAN 网络模型的训练与预测，结果如图 4.25 所示。从损伤工况 1 到损伤工况 5，随着损伤程度不断地增加，DCGAN 网络的识别精度均为 100%。这说明通过对抗训练完成后的判别器学会了真实数据的空

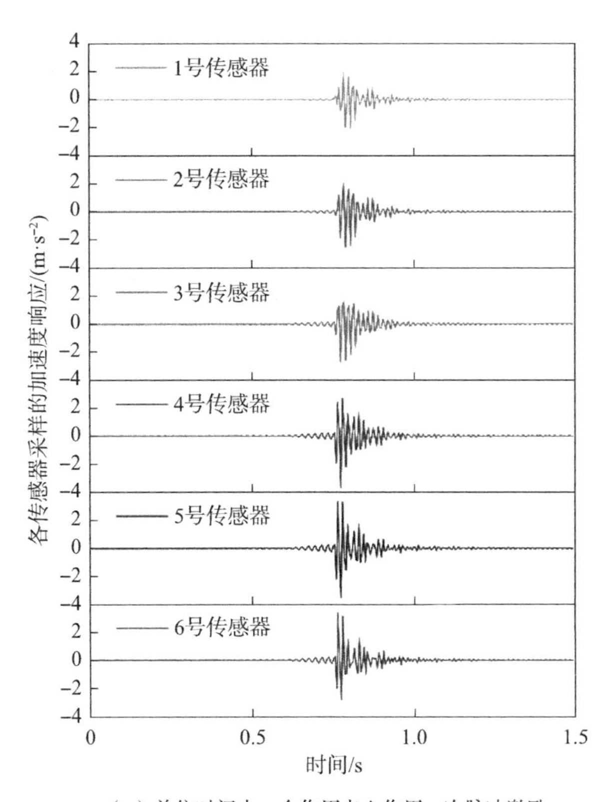

（a）单位时间内一个作用点上作用一次脉冲激励

图 4.24 3 种作用情况下各传感器采集的结构加速度响应

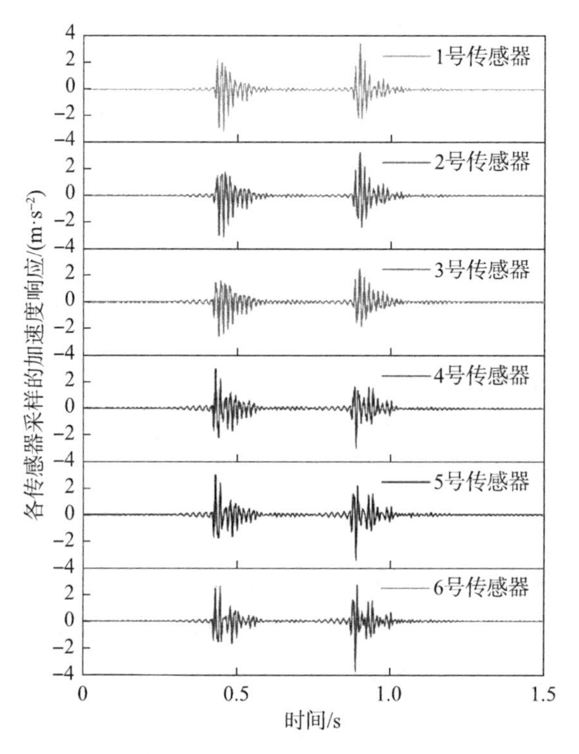

（b）单位时间内一个作用点上作用两次脉冲激励

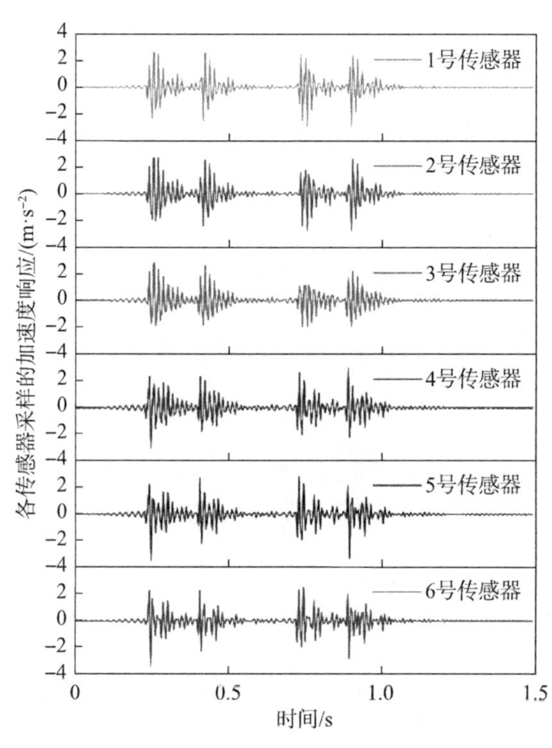

（c）单位时间内两个作用点上各作用两次脉冲激励

图 4.24　3 种作用情况下各传感器采集的结构加速度响应（续）

间分布规律，即学会了完好结构的加速度响应数据的空间分布规律，当损伤结构的加速度响应数据作为预测数据时，训练完成的判别器能反馈出损伤结构的加速度响应数据为非真实数据。换言之，由于结构损伤前后的加速度响应数据存有差异，不论损伤程度是大是小，只要结构存有损伤，那么训练完成后的判别器便能诊断出损伤结构的加速度响应不是真实数据。当结构未损伤时，DCGAN 网络的识别精度为 91%。DCGAN 网络对完好结构的识别精度更低的原因在于训练样本中的真实数据包含了在 3 种脉冲激励作用情况下的加速度响应数据，且这 3 种加速度响应数据的特征具有较大的区别，最明显的区别在于单位时间内结构的响应次数不同。因此 DCGAN 中的真实数据具有多样性，这些具有明显不同标签的多样性导致了 DCGAN 识别完好结构的准确率有所降低。整体而言，DCGAN 在复杂的多种激励作用情况下的结构损伤识别的准确率较高，证明了 DCGAN 能应用于结构的损伤识别中。

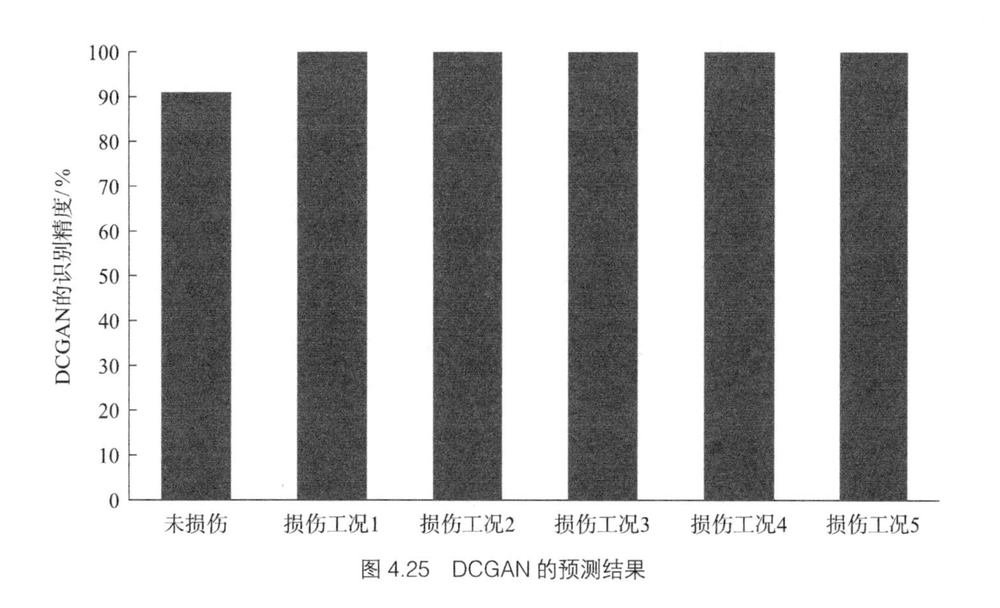

图 4.25　DCGAN 的预测结果

第 5 章
空间非均匀性噪声对卷积深度网络损伤识别的影响

5.1 噪声的空间非均匀性

在采集结构信号的实际过程中，必然存在着不规则且强度变化的噪声，这些噪声绝大部分属于加性噪声，它们与信号的关系是相互独立且相加的，无论信号存在与否，噪声都是客观存在的。相对于期望接收到的信号，噪声是不期望接收到的信号。在信号的采集过程中，噪声是客观存在的，噪声对多个采样通道有两类作用方式：均匀性和非均匀性。

本章中，噪声的均匀性指的是多个采样通道均会受到相同噪声强度的影响。这类似于图像识别，眼睛对图像中关键的、期望接收的信号进行处理时，噪声会对图像中的关键信息均匀地造成不同程度的影响。如图 5.1 所示，图片中的字母 A 为有效信息，图片的背景为噪声，此噪声均匀的充满于背景，背景颜色越深代表均匀噪声的强度越大，从图 5.1（a）~ 图 5.1（f）可发现，均匀噪声的强度越大对图像识别的影响也越大。

本章中，噪声的空间非均匀性指的是在多个采样通道采集信号时各个采样通道受到的噪声强度是不同的，它们有强有弱，在空间上呈现出非均匀性。这类似于图像识别，眼睛对图像中关键的、期望接收的信号进行处理时，噪声对图像中的关键信息非均匀地造成不同程度的影响。如图 5.2 所示，图片中的字母 A 为有效信息，图片的背景为噪声，将背景空间划分为 25 个子空间，噪声的空间非均匀性表现为其中的某些子空间受到强度不均的噪声影响，其他的子空间不受噪声的影响。在利用 CNN 进行结构损伤识别的实际工程应用中，噪声具有空间非均匀性，因此研究噪声的空间非均匀性对 CNN 损伤识别的影响是非常必要的。这为 CNN 在损伤识别的实际工程应用提供理论支持。

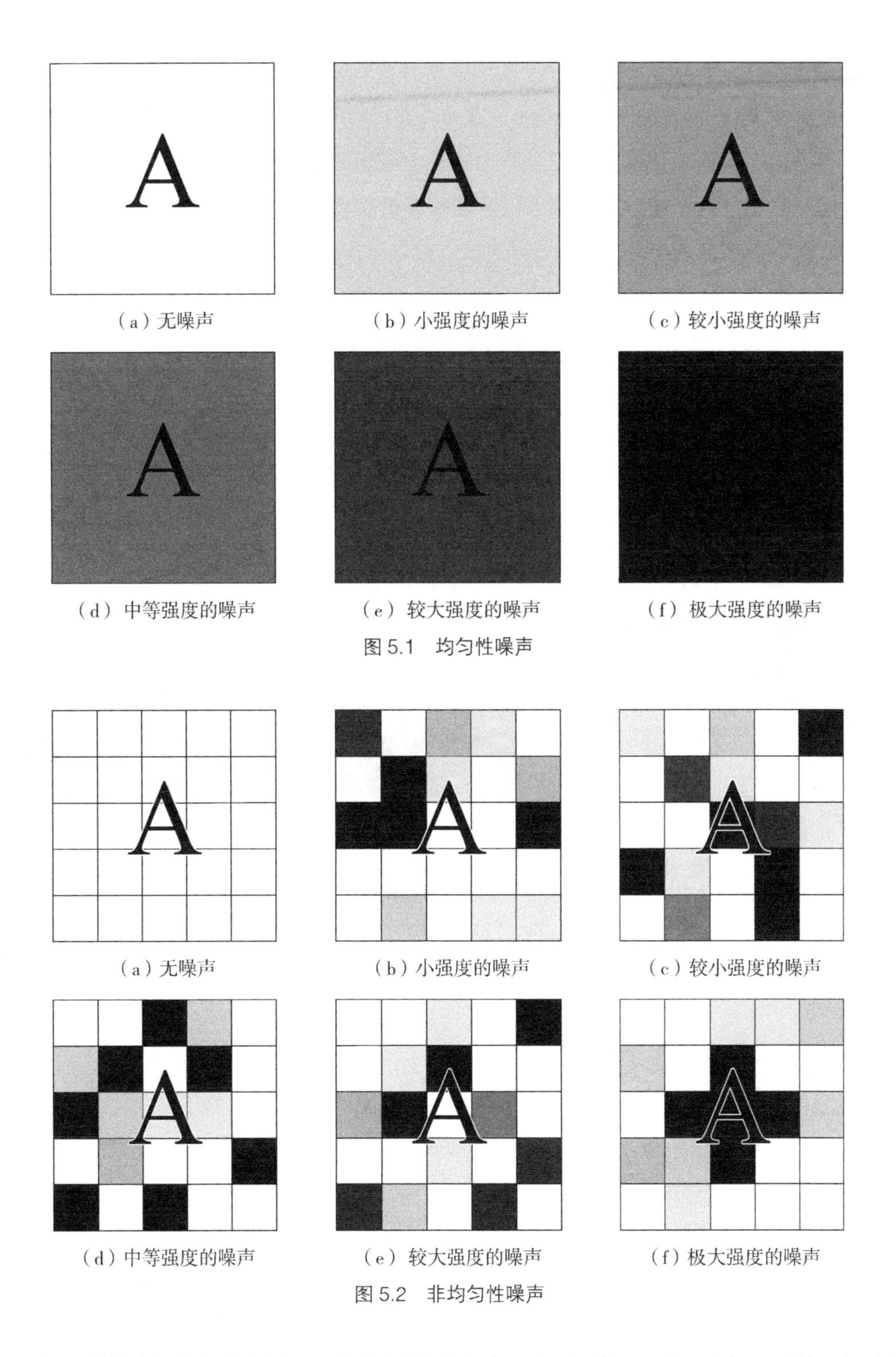

（a）无噪声　（b）小强度的噪声　（c）较小强度的噪声

（d）中等强度的噪声　（e）较大强度的噪声　（f）极大强度的噪声

图 5.1　均匀性噪声

（a）无噪声　（b）小强度的噪声　（c）较小强度的噪声

（d）中等强度的噪声　（e）较大强度的噪声　（f）极大强度的噪声

图 5.2　非均匀性噪声

在利用传感器采集结构加速度响应的信号时，传感器的精度是存在误差的。传感器精度越高，采集信号的保真性就越高，采集有效的关键的信息就越多。相反，传感器精度越低，采集的信号就带有越多的噪声，采集的信号就越失真。同时，由于多个传感器之间采样精度的不同，就会出现噪声的空间非均匀性。在极端情况下，多个传感器存在一个或多个损坏的传感器。如图 5.3 所示，图片是由 5 个传感器采集的信息组合而成，每个传感器的精度是独立的、随机的。图片中的字母 A 为有效信息，图片的背景为噪声，当传感器完全损坏，采集的信号全为噪声。随着传感器精度不均匀性地增加，图片有效信息的识别率越差，同时，如果传感器损坏的位置在有效信息 A 的关键处，其对图片有效识别的影响较大。

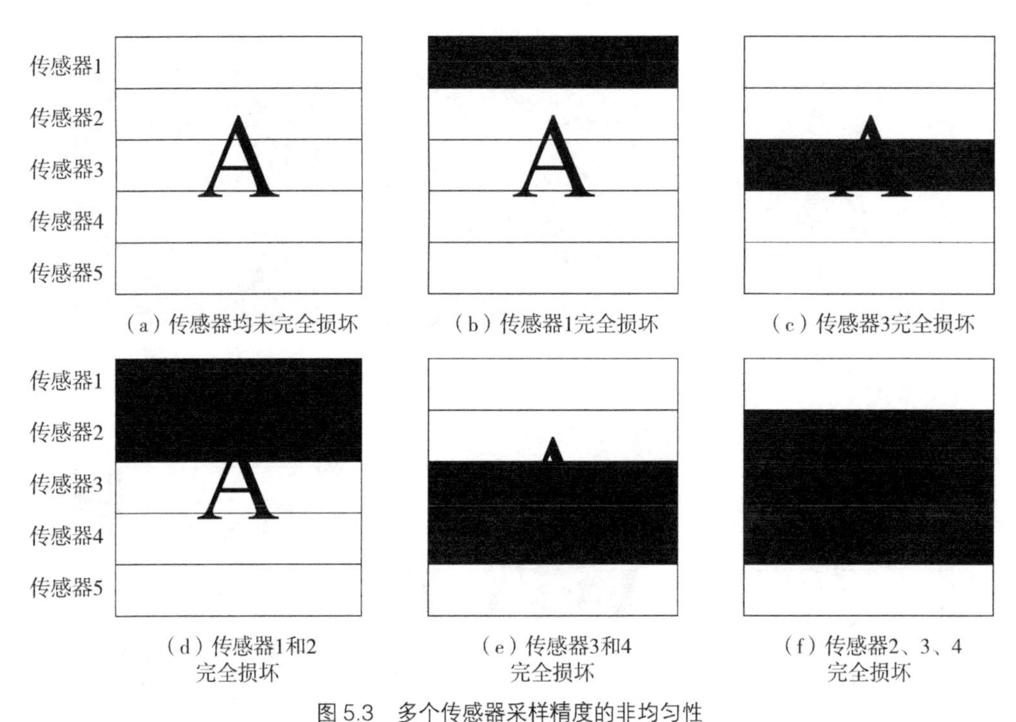

图 5.3　多个传感器采样精度的非均匀性

5.2　噪声的空间非均匀性对 CNN 的影响

5.2.1　拉丁超立方抽样

拉丁超立方抽样（Latin Hypercube Sampling，LHS）是一种在多元参数分布中近似随机抽样的方法，属于分层抽样技术。LHS 也是一种模拟求解随机问题的有力工具，与蒙特卡洛直接抽样相比，LHS 避免了重复抽样，能以较小的样本总量反映出总体的变化规律，所以抽样的次数可以大幅度减少。

拉丁超立方体抽样的关键是对输入概率分布进行分层。简单地讲，LHS 可以通过较少样本来确定 CNN 识别精度的均值 μ 和方差 σ，其基本计算思路如下：

①假设共有 n 个随机变量 X_i（i=1，2，……，n）。

②将每一个随机变量 X_i 在其取值范围内等概率地分为 N 份，N 代表抽样次数，其取值一般为 N=2n~3n。

③在每等份内，抽样值取其区间的中值 X_i^j（i=1，2，……，n；j=1，2，……，N）。

④对每一随机变量 X_i 生成 1~N 的随机整数排列 r_i^j（i=1, 2, ……, n; j=1, 2, ……, N）。

⑤按照随机整数排列 r_i^j 顺序对每个随机变量的抽样值重新排列。

⑥利用排序后的抽样值进行 N 次抽样计算，由抽样结果，可计算得到 CNN 损伤识别精度的均值 μ 和方差 σ。识别精度的均值 μ 反映的是 CNN 识别精度的准确性，识别精度的方差 σ 反映的是 CNN 识别精度的稳定性。

5.2.2　试验研究

本节以第 4 章中的简支梁模型研究噪声的空间非均匀性对 CNN 的影响，本节对噪声工况的设计如表 5.1 所示。噪声的均值反映的是噪声的强度，噪声的强度用信噪比来表示，噪声的方差反映的是噪声的非均匀程度。其中信噪比的定义如式（3.8）所示。

表 5.1 中 N（15，1）表示的意思是以信噪比为 15 的噪声强度作为均值，以方差为 1 来反映噪声的非均匀程度。控制噪声的均值即噪声的强度不变，增加噪声的方差来模拟噪声的空间非均匀性，再利用拉丁超立方抽样技术，对各噪声工况进行抽样。

表 5.1　加噪工况

序号	噪声的正态分布
工况 1	N（15，1.0）
工况 2	N（15，2.5）
工况 3	N（15，5.0）

以工况 1 中的 N（15，1）为例，阐述拉丁超立方抽样技术。本试验有 5 个采样通道，即 n=5，取 N=10。对每一随机变量 X_i 生成 1~10 的随机整数排列 r_i^j，将随机整数排列 r_i^j 按照从小到大的顺序对每个随机变量 X_i 的抽样值重新排列，其重新排列后的值，即为本工况下的抽样值（表 5.2）。工况 2 和工况 3 的拉丁超立方抽样值见表 5.3 和表 5.4。

表 5.2　工况 1 的拉丁超立方抽样值

样本编号	通道 1 的信噪比取值	通道 2 的信噪比取值	通道 3 的信噪比取值	通道 4 的信噪比取值	通道 5 的信噪比取值
样本 1–1	13.3551	16.6449	15.1257	14.3255	16.0364
样本 1–2	16.6449	14.6147	15.3853	15.3853	15.1257
样本 1–3	16.0364	15.6745	16.0364	16.0364	14.6147
样本 1–4	15.1257	15.3853	13.3551	15.1257	14.3255
样本 1–5	14.6147	14.3255	14.6147	15.6745	15.3853
样本 1–6	13.9636	13.9636	14.8743	13.9636	16.6449
样本 1–7	14.3255	16.0364	15.6745	13.3551	13.3551
样本 1–8	15.6745	15.1257	13.9636	16.6449	13.9636
样本 1–9	14.8743	13.3551	14.3255	14.8743	14.8743
样本 1–10	15.3853	14.8743	16.6449	14.6147	15.6745

表 5.3　工况 2 的拉丁超立方抽样值

样本编号	通道 1 的信噪比取值	通道 2 的信噪比取值	通道 3 的信噪比取值	通道 4 的信噪比取值	通道 5 的信噪比取值
样本 2–1	13.3138	10.8879	15.3142	13.3138	15.3142
样本 2–2	12.4089	19.1121	12.4089	19.1121	19.1121
样本 2–3	15.9633	14.0367	14.0367	10.8879	14.0367
样本 2–4	17.5911	14.6858	17.5911	15.3142	14.6858
样本 2–5	19.1121	12.4089	13.3138	16.6862	13.3138
样本 2–6	14.0367	15.3142	16.6862	17.5911	10.8879
样本 2–7	16.6862	13.3138	15.9633	12.4089	17.5911
样本 2–8	15.3142	15.9633	19.1121	14.6858	16.6862
样本 2–9	10.8879	16.6862	10.8879	14.0367	15.9633
样本 2–10	14.6858	17.5911	14.6858	15.9633	12.4089

表 5.4　工况 3 的拉丁超立方抽样值

样本编号	通道 1 的信噪比取值	通道 2 的信噪比取值	通道 3 的信噪比取值	通道 4 的信噪比取值	通道 5 的信噪比取值
样本 3–1	15.6283	9.8178	14.3717	18.3724	11.6276
样本 3–2	16.9266	23.2243	6.7757	6.7757	9.8178
样本 3–3	9.8178	18.3724	20.1822	14.3717	20.1822
样本 3–4	18.3724	13.0734	23.2243	11.6276	23.2243
样本 3–5	14.3717	15.6283	15.6283	13.0734	6.7757
样本 3–6	6.7757	6.7757	18.3724	20.1822	14.3717
样本 3–7	11.6276	11.6276	16.9266	16.9266	13.0734
样本 3–8	13.0734	16.9266	11.6276	15.6283	15.6283
样本 3–9	20.1822	14.3717	13.0734	23.2243	16.9266
样本 3–10	23.2243	20.1822	9.8178	9.8178	18.3724

按照表 5.2 ~ 表 5.4 中的 30 组样本对各采样通道中的加速度响应数据进行加噪，再将加噪后的数据作为预测样本进行损伤识别。其识别结果如图 5.4 所示，详细结果如表 5.5 所示。

表 5.5　损伤识别的结果统计

样本编号	识别精度	样本编号	识别精度	样本编号	识别精度
样本 1–1	82.87%	样本 2–1	78.60%	样本 3–1	71.56%
样本 1–2	82.96%	样本 2–2	77.95%	样本 3–2	76.22%
样本 1–3	83.44%	样本 2–3	78.83%	样本 3–3	75.61%
样本 1–4	82.67%	样本 2–4	76.78%	样本 3–4	73.57%
样本 1–5	82.91%	样本 2–5	77.68%	样本 3–5	74.45%
样本 1–6	82.13%	样本 2–6	76.73%	样本 3–6	73.25%
样本 1–7	82.01%	样本 2–7	76.98%	样本 3–7	76.54%
样本 1–8	82.78%	样本 2–8	77.40%	样本 3–8	72.56%
样本 1–9	82.82%	样本 2–9	76.88%	样本 3–9	73.63%
样本 1–10	83.17%	样本 2–10	78.85%	样本 3–10	77.85%
识别精度的均值	82.78%	识别精度的均值	77.67%	识别精度的均值	74.52%
识别精度的标准差	0.4092	识别精度的标准差	0.8094	识别精度的标准差	1.8755

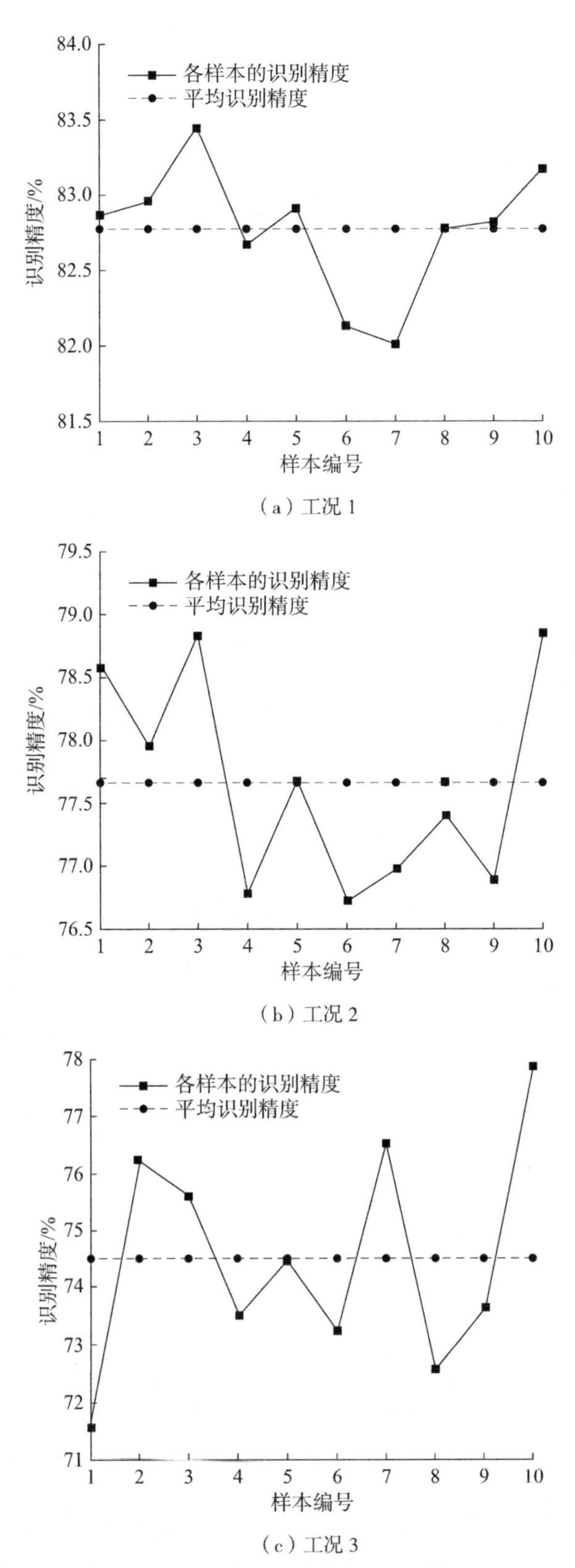

（a）工况 1

（b）工况 2

（c）工况 3

图 5.4　各工况下各样本的识别精度

为了研究噪声的空间非均匀性对 CNN 识别精度的影响，图 5.5 比较了不同加噪工况下 CNN 的识别精度，得到了以下两个方面的结论：

①工况 3 的噪声空间非均匀性最大，即噪声在空间的分布最不均匀，其 CNN 识别精度的均值最小，反映了 CNN 损伤识别的准确性最低；工况 1 的噪声空间非均匀性最小，即噪声在空间的分布最均匀，其 CNN 识别精度的均值最大，反映了 CNN 损伤识别的准确性最高；工况 2 的噪声空间非均匀性介于工况 1 和工况 3 之间，其 CNN 识别精度的均值也居中。对比工况 1 到工况 3，随着噪声的空间非均匀性越来越大，CNN 识别精度的均值越来越小，CNN 损伤识别的准确性越来越低。噪声的空间非均匀性与 CNN 损伤识别的准确性呈反相关，即噪声在空间上越不均匀，CNN 损伤识别的准确性越低。

②随着噪声空间非均匀性的增加，CNN 识别精度的标准差也在增加；工况 1 识别精度的标准差最小，说明 CNN 的识别精度波动范围较小，识别结果较为稳定，工况 3 识别精度的标准差最大，说明 CNN 的识别精度波动范围较大，识别结果不稳定。因此，噪声的空间非均匀与 CNN 损伤识别的稳定性呈正相关。

综上所述，CNN 识别精度的均值反映的是 CNN 损伤识别的准确性，CNN 识别精度的标准差反映的是 CNN 损伤识别的稳定性，随着噪声空间非均匀性的增加，CNN 识别精度的均值会降低，同时识别精度的标准差会增加。说明，噪声的空间非均匀性对 CNN 的损伤识别具有一定影响，其影响表现为：噪声在空间上越不均匀，CNN 损伤识别的准确性越低、稳定性越差。

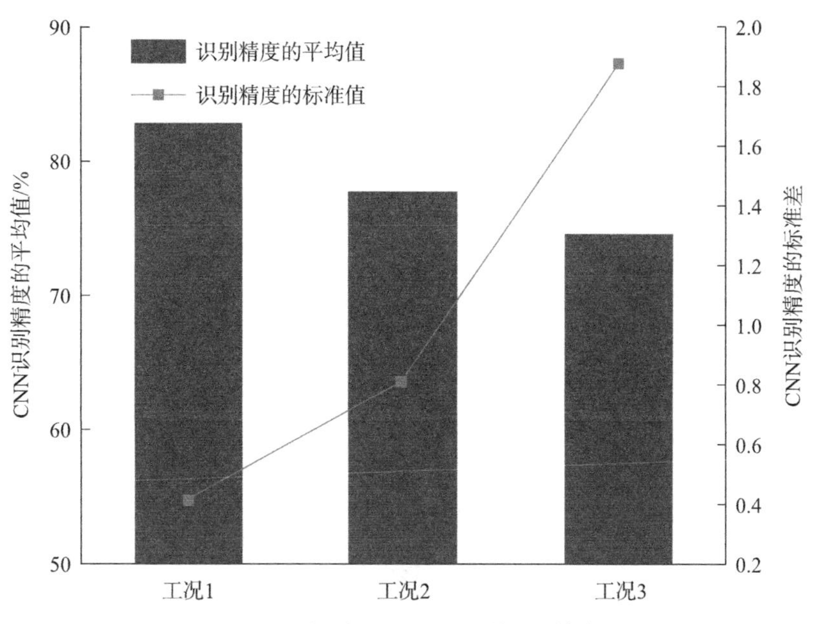

图 5.5　对比各工况下 CNN 的识别精度

5.3 传感器精度的非均匀性对 CNN 的影响

在利用 CNN 网络进行结构损伤识别时，确保采集输入信号的真实性是十分重要的。在实际工程应用中，传感器是采集结构振动响应数据的常用仪器，然而传感器本身的采样精度和传输精度存在系统误差等问题。结构上需要布置多个传感器来采集结构的振动响应数据，各个传感器之间的采样精度和传输精度并非绝对一致。有些传感器的精度更高，采集的信号更保真，传输过程中信号丢失少；有些传感器的精度很低，采集的信号是失真的，传输过程中信号丢失多，甚至由于传感器的损坏，导致采集的信号全是没有意义的噪声。因此，多个传感器精度的非均匀性对 CNN 的损伤识别存在何种影响是非常值得研究的，这将为实际工程应用奠定基础。

5.3.1 工况设置

本节以第 4 章中的简支梁模型来研究传感器精度的非均匀性对 CNN 损伤识别的影响。如图 5.6 所示，传感器精度的非均匀体现为在 5 个传感器中某一个或多个传感器完全损坏，完全损坏后的传感器采集的信号全为噪声，没有损坏的传感器采集的信号为结构加速度响应的数据。为了研究传感器精度的非均匀性对 CNN 损伤识别的影响，设计了传感器精度非均匀性的工况（表 5.6）。各工况下传感器采集的信号如图 5.7 所示。

× 表示传感器已损坏　○ 表示传感器未损坏

	1号传感器	2号传感器	3号传感器	4号传感器	5号传感器
工况1	○	○	○	○	○
工况2	×	○	○	○	○
工况3	○	×	○	○	○
工况4	○	○	×	○	○
工况5	×	×	○	○	○
工况6	×	○	×	○	○
工况7	○	×	×	○	○
工况8	×	×	×	○	○
工况9	×	×	×	×	○

图 5.6　传感器精度非均匀性的示意图

表 5.6　传感器精度非均匀性的工况

工况	1 号传感器	2 号传感器	3 号传感器	4 号传感器	5 号传感器
C1	信号	信号	信号	信号	信号
C2	SNR=15 的噪声	信号	信号	信号	信号
C3	信号	SNR=15 的噪声	信号	信号	信号
C4	信号	信号	SNR=15 的噪声	信号	信号
C5	SNR=15 的噪声	SNR=15 的噪声	信号	信号	信号
C6	SNR=15 的噪声	信号	SNR=15 的噪声	信号	信号
C7	信号	SNR=15 的噪声	SNR=15 的噪声	信号	信号
C8	SNR=15 的噪声	SNR=15 的噪声	SNR=15 的噪声	信号	信号
C9	SNR=15 的噪声	SNR=15 的噪声	SNR=15 的噪声	SNR=15 的噪声	信号

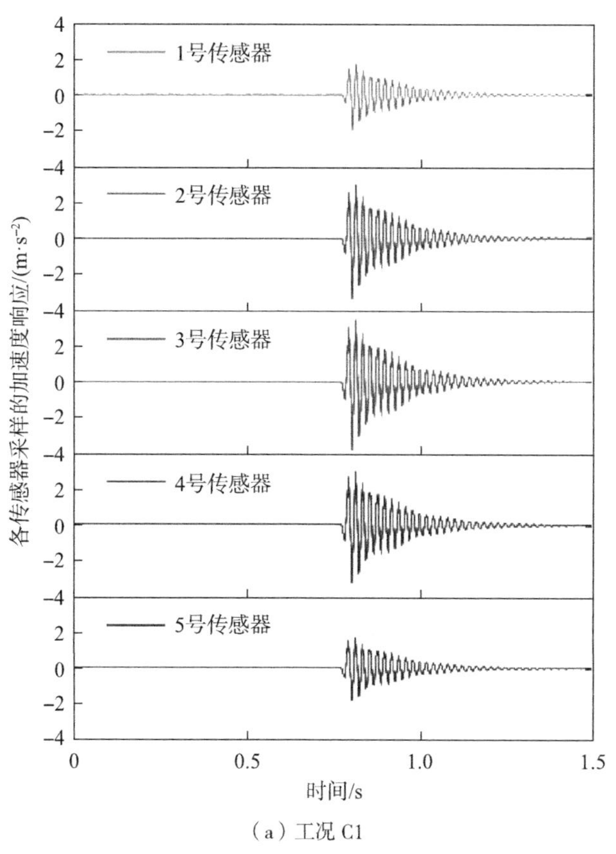

（a）工况 C1

图 5.7　各工况下传感器采集的加速度响应信号

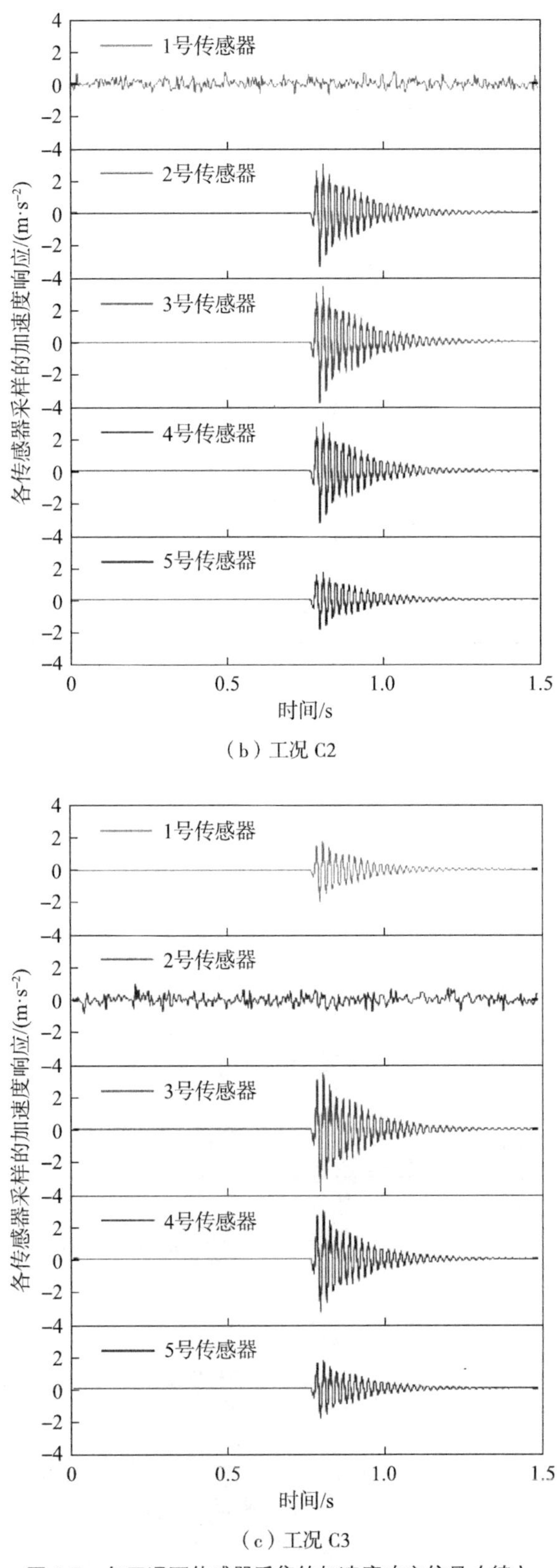

（b）工况 C2

（c）工况 C3

图 5.7　各工况下传感器采集的加速度响应信号（续）

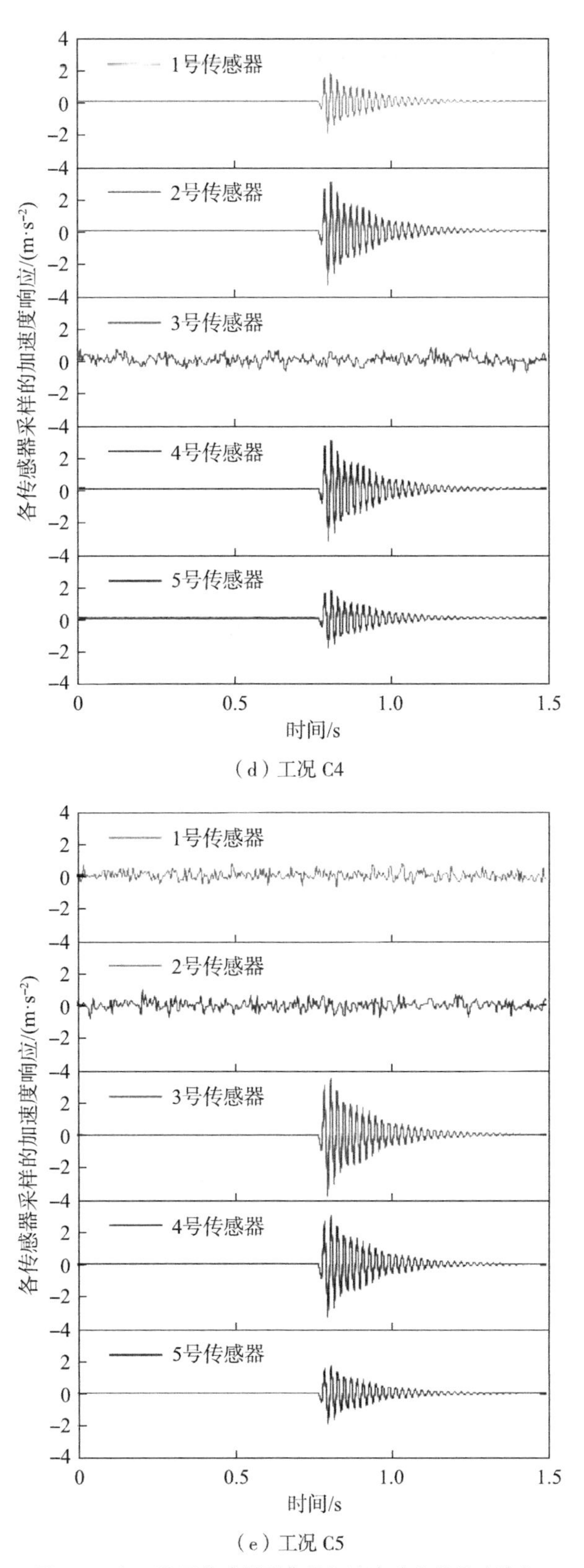

（d）工况 C4

（e）工况 C5

图 5.7　各工况下传感器采集的加速度响应信号（续）

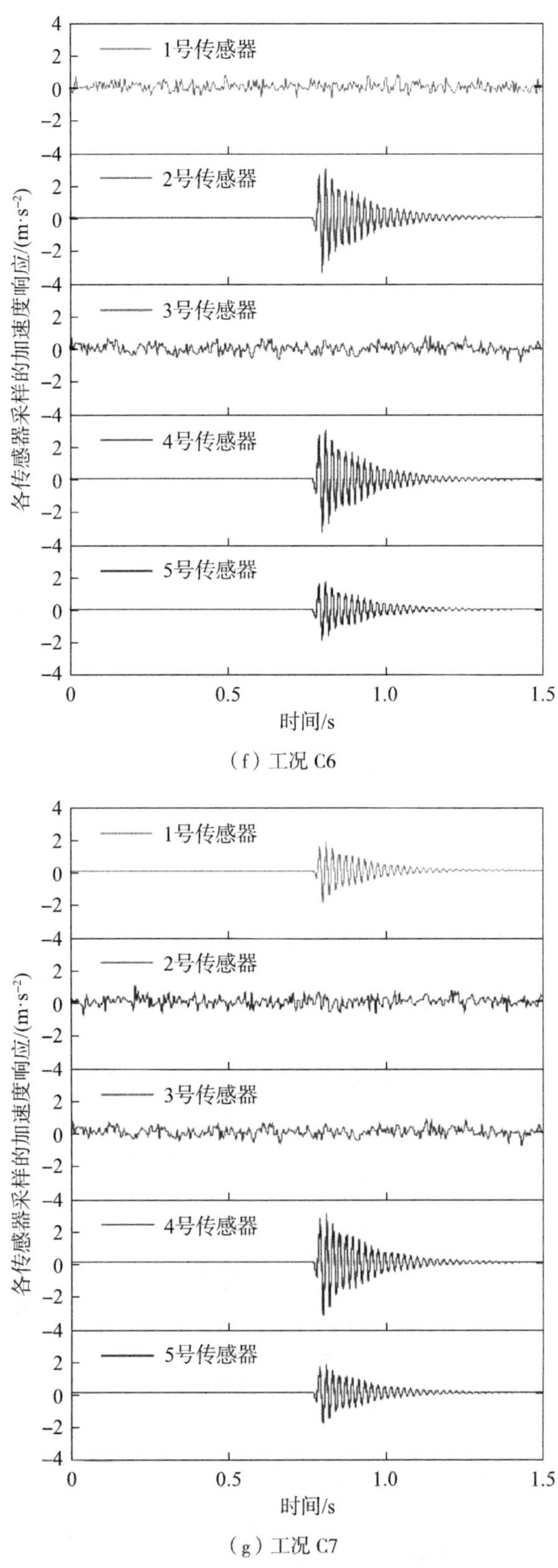

（f）工况 C6

（g）工况 C7

图 5.7 各工况下传感器采集的加速度响应信号（续）

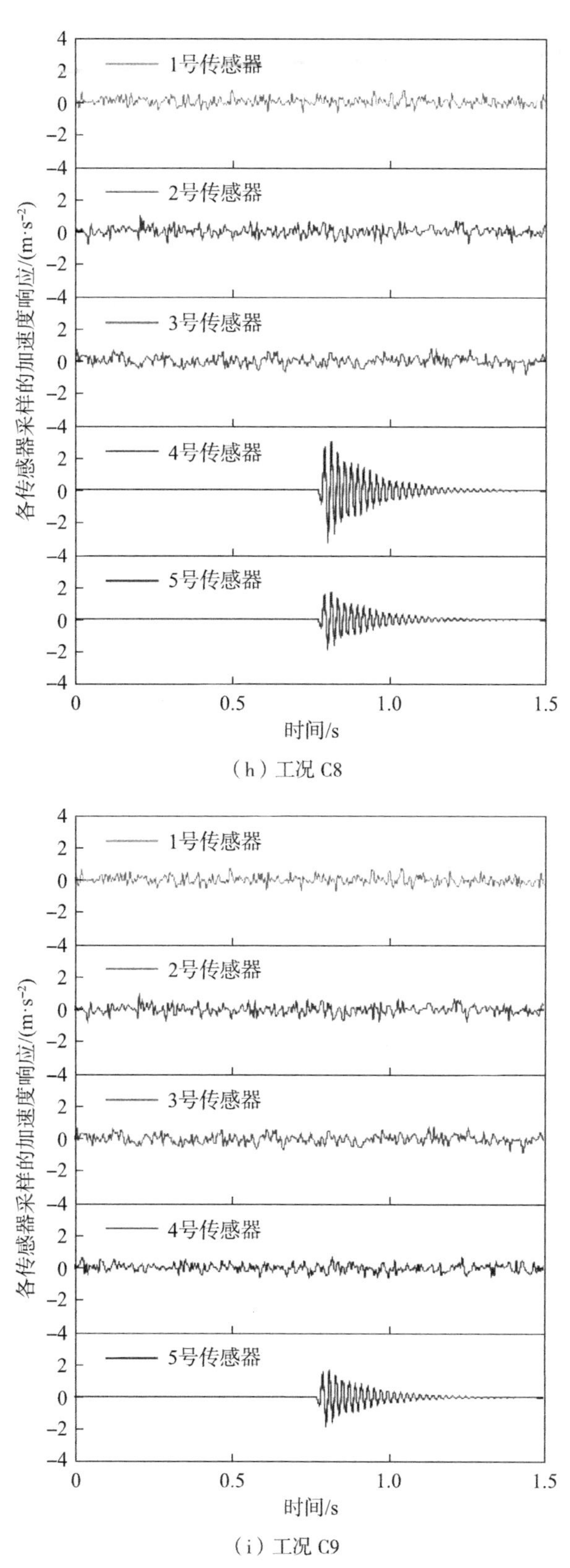

（h）工况 C8

（i）工况 C9

图 5.7　各工况下传感器采集的加速度响应信号（续）

5.3.2 结果及分析

按照各工况进行处理后的有限元数据和试验数据作为CNN网络模型的预测样本，通过预测便可得到各工况的识别结果（表5.7）。

表5.7 各工况下CNN的识别精度

工况	工况描述	CNN的识别精度/%	
		有限元数据	试验数据
C1	信号、信号、信号、信号、信号	90.5	86.5
C2	噪声、信号、信号、信号、信号	75.0	78.0
C3	信号、噪声、信号、信号、信号	72.2	66.5
C4	信号、信号、噪声、信号、信号	68.4	62.1
C5	噪声、噪声、信号、信号、信号	67.4	61.5
C6	噪声、信号、噪声、信号、信号	62.2	59.0
C7	信号、噪声、噪声、信号、信号	57.0	51.8
C8	噪声、噪声、噪声、信号、信号	55.2	50.6
C9	噪声、噪声、噪声、噪声、信号	34.1	40.0

在工况C1中，各传感器均未损坏，采集的信号均是结构的加速度响应，各传感器的精度十分均匀，此时CNN的识别精度最高；在工况C2到工况C4中，均有1个传感器损坏，其采集的信号为噪声，各传感器精度的非均匀性较小，此时CNN的识别精度不高；在工况C5到工况C7中，均有2个传感器损坏，各传感器精度的非均匀性较大，此时CNN的识别精度较低，基本不能用于结构损伤识别；在工况C8中，有3个传感器损坏，各传感器精度的非均匀性很大，此时CNN的识别精度很低，已经不能用于结构损伤识别；在工况C9中，有4个传感器损坏，各传感器精度的非均匀性极大，此时CNN的识别精度极低，不能用于结构损伤识别。整体而言，从工况C1到工况C9，传感器精度的非均匀性越大，CNN的识别精度就越低，说明传感器精度的非均匀性对CNN的结构损伤识别具有较大的影响。另外，对比工况C2到工况C4可以发现，当距跨中越近的传感器损坏时，CNN的识别精度越低，同时对比工况C5到工况C7，也有类似现象，这说明越靠近跨中处的传感器精度对CNN识别精度越敏感，即在

采用 CNN 网络进行结构损伤识别时，越靠近跨中受到噪声对 CNN 的识别精度影响就越大。

综上所述，传感器精度的非均匀性对 CNN 损伤识别具有较大影响，传感器精度的非均匀性越大，CNN 的识别精度就越低。另外在利用 CNN 进行结构损伤识别时，结构在跨中处受到噪声或者传感器精度的影响更敏感。

第 6 章 实桥试验

本章将开展基于卷积神经网络（CNN）的结构动力性能判别在实际桥梁工程中的应用研究。在实际工程中，一般采用校验系数的概念来描述结构的工作状况。所谓校验系数，是指某一测点的实测值与相应的理论计算值的比值，实测值可以是挠度、位移或者应变的大小。以挠度为例，校验系数可以定义为

$$\eta=\frac{S_e}{S_s} \tag{6.1}$$

式中：η 为校验系数；S_e 为试验荷载作用下测量的结构挠度值；S_s 为试验荷载作用下结构的理论挠度值。

因而，在深度学习的框架下，这一问题可以被表述为：如何利用结构的动力响应数据预测结构的校验系数，并将其应用于实际的桥梁结构。

6.1 基于 CNN 的结构挠度校验系数预测框架

本章以第 4 章的简支梁试验为例，介绍基于 CNN 的结构挠度校验系数的预测框架。

本章采用的卷积神经网络模型有 3 层卷积层，卷积核的尺寸采用 5×5，第一层卷积层卷积核数量为 5 个，第二、三层卷积层卷积核数量为 10 个，卷积运算模式设置为填充模式，步长为 1。卷积层与卷积层之间加入 2×2 的最大池化层（Maxpool），以便 CNN 更好地提取数据特征。本模型采用线性整流函数（Rectified Linear Unit，ReLU）作为激活函数，以便更有效率地梯度下降以及反向传播。模型全连接层有 3 层，最后一层全连接层采用线性函数做回归预测，即预测出对应样本的挠度校验系数。CNN 网络模型的参数如表 6.1 所示。

表 6.1　CNN 网络模型的参数

网络层	模块	输入（个数 @ 通道数 × 通道采样点数）	运算核数量	运算核大小	滑动步长	输出（个数 @ 通道数 × 通道采样点数）
L1	输入层	1@5 × 100	—	—	—	1@5 × 100
L2	卷积层 C1	1@5 × 100	5	3 × 3	1	5@5 × 100
L3	池化层 P1	5@5 × 100	1	2 × 2	2	5@3 × 50
L4	卷积层 C2	5@3 × 50	5	3 × 3	1	5@3 × 50
L5	池化层 P2	5@3 × 50	1	2 × 2	2	5@2 × 25
L6	卷积层 C3	5@2 × 25	5	3 × 3	1	5@2 × 25
L7	池化层 P3	5@2 × 25	1	2 × 2	2	5@1 × 13
L8	全连接层 F1	5@1 × 13	—	—	—	1@1 × 65
L9	全连接层 F2	1@1 × 65	—	—	—	1@1 × 40
L10	全连接层 F3	1@1 × 40	—	—	—	1@1 × 10
L11	线性回归层	1@1 × 10	—	—	—	1@1 × 1
L12	输出层	1@1 × 1	—	—	—	挠度校验系数

与前面的网络结构不同，本网络要实现挠度校验系数的预测。在网络训练阶段，挠度校验系数的标签值采用以下方式确定：

①在模型梁有限元理论模型的加载点 1、加载点 2 处施加垂直向下的单位荷载，计算并提取出挠度测点的挠度值，记为 α_0，加载点与挠度测点如图 6.1 所示。

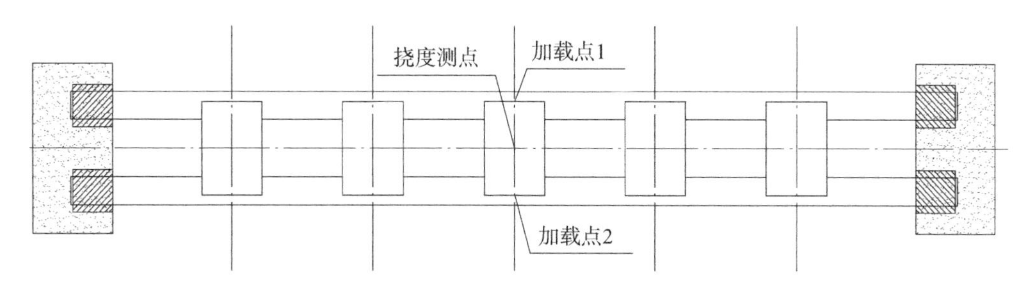

图 6.1　加载点与挠度测点示意图

②对 1000 个有限元完好工况模型、1000 个有限元损伤工况模型施加上述静荷载，计算并提取出挠度测点的挠度值，记为 α_i，i=1，2，3，……，2000。

③挠度校验系数 β 的数学表达式为

$$\beta=\frac{\alpha_i}{\alpha_0} \tag{6.2}$$

按照式（6.2）计算出1000个有限元完好工况样本、1000个有限元损伤工况样本的挠度校验系数，作为CNN训练样本的输出值。根据挠度校验系数的定义可知：当挠度校验系数$\beta \leqslant 1$时，说明结构未损伤；当挠度校验系数$\beta>1$时，说明结构已受到不同程度的损伤。β值越大，代表结构的损伤程度越深。

采用上述框架，对第4章的简支梁模型试验进行了预测，其中损伤工况的定义见表4.2。预测结果如表6.2所示，CNN预测结果的概率直方图如图6.2所示。对比工况1、工况2、工况3、工况4的结果，可以看出CNN预测出的校验系数不断变大，说明结构的损伤程度不断加深，这与实际情况相符，由此可知，CNN在结构损伤程度识别中具有较好的正确性与鲁棒性。

表6.2　CNN预测结果

工况	样本总数	CNN预测校验系数大于1样本数	CNN预测校验系数小于等于1样本数	预测校验系数平均值
未损伤	200	16	184	0.958
损伤工况1	200	160	40	1.011
损伤工况2	200	166	34	1.041
损伤工况3	200	182	18	1.067
损伤工况4	200	180	20	1.088

6.2 实际桥梁挠度校验系数预测研究

本章节选取某新建高速公路上的5座简支梁桥（1×20m简支T梁桥、1×30m简支T梁桥、1×40m简支T梁桥、1×43m简支钢箱梁桥、1×30m简支T梁车行天桥）作为研究对象进行试验，进行基于卷积神经网络与动力测试数据的简支梁桥静载校验系数快速预测的研究。具体研究步骤为：第一，对5座简支梁桥进行静载试验，求得5座简支梁桥规定测点的挠度校验系数；第二，运用数值试验模拟跑车试验，得到5座简支梁桥有限元模型中规定测点的加速度响应，整理为CNN模型的输入样本，同时对5座简支梁桥进行跑车试验，收集规定测点的加速度响应，整理为CNN模型的测试样本；第三，利用CNN模型预测出5座简支梁桥规定测点的挠度校验系数；第四，比较CNN模型预测结果与静载试验求得的结果，分析利用CNN模型预测简支梁桥挠度校验系数的可行性。研究步骤流程图如图6.3所示。

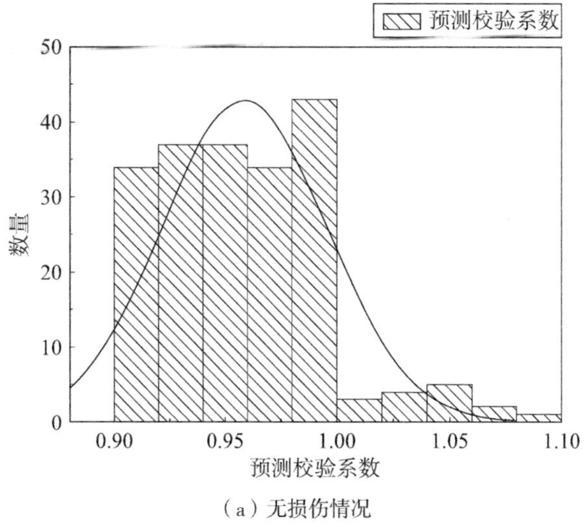

（a）无损伤情况

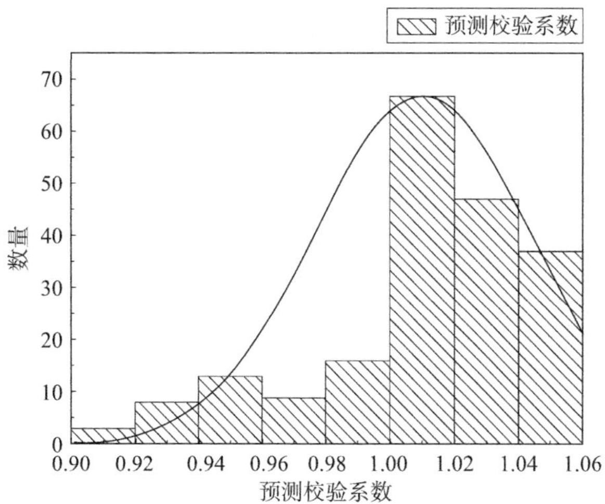

（b）损伤工况 1

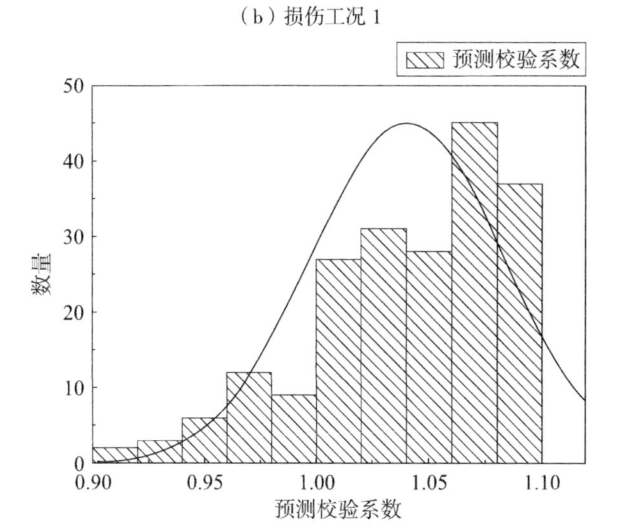

（c）损伤工况 2

图 6.2　CNN 网络模型识别结果

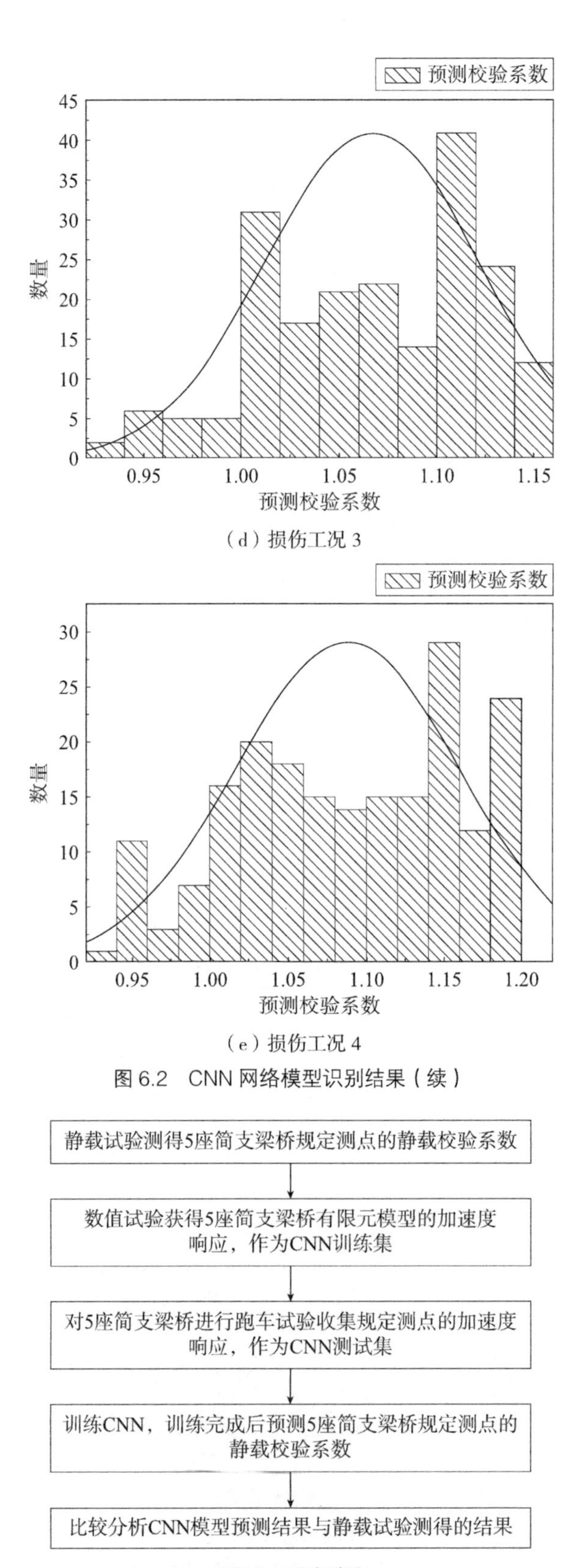

图 6.2　CNN 网络模型识别结果（续）

图 6.3　研究流程

6.2.1　桥梁概况

（1）1×20m 简支 T 梁桥基本情况

该桥是跨径为 20m 的预应力混凝土简支 T 梁桥，桥的上部结构由 5 片 T 梁构成，护栏为钢筋混凝土结构。该桥的公路等级为高速公路，荷载等级为公路 - Ⅰ级，设计速度为 80km/h，桥宽布置（半幅宽）为 0.5m（护栏）+11.20m（净宽）+0.5m（护栏）。该桥的横断面如图 6.4 所示，立面如图 6.5 所示。

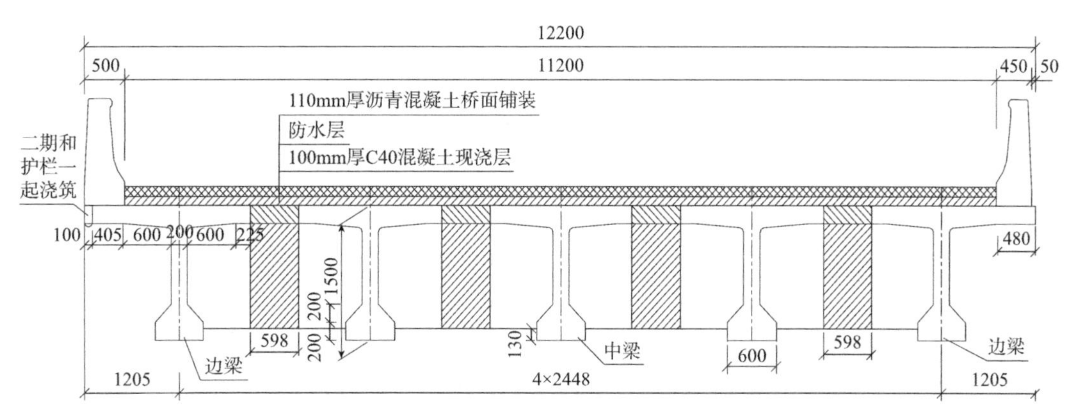

图 6.4　1×20m 简支 T 梁桥横断面图（单位：mm）

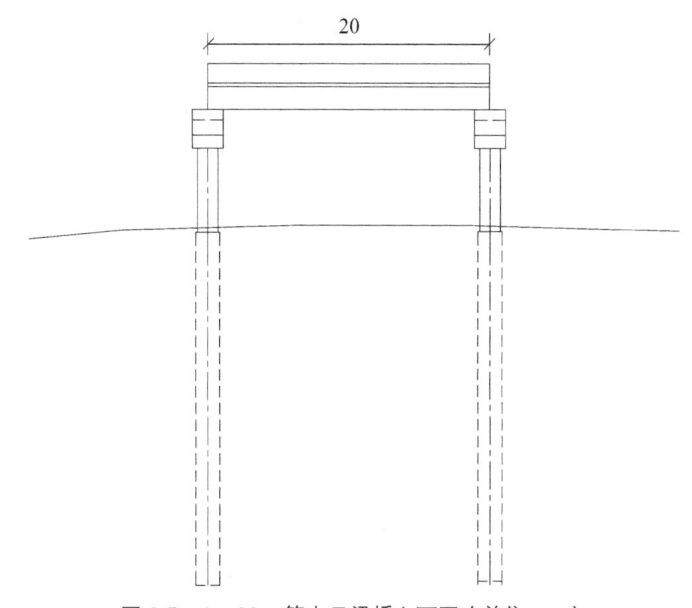

图 6.5　1×20m 简支 T 梁桥立面图（单位：m）

（2）1×30m 简支 T 梁桥基本情况

该桥是跨径为 30m 的预应力混凝土简支 T 梁桥，桥的上部结构由 5 片 T 梁构成，T 梁设置板式橡胶支座；桥面设置 D80 型伸缩缝，护栏为钢筋混凝土结构。该桥的公路等级为高速公路，荷载等级为公路－Ⅰ级，设计速度为 40km/h，桥宽布置（半幅宽）为 0.5m（护栏）+9.5m（净宽）+0.5m（护栏）。该桥的横断面如图 6.6 所示，立面如图 6.7 所示。

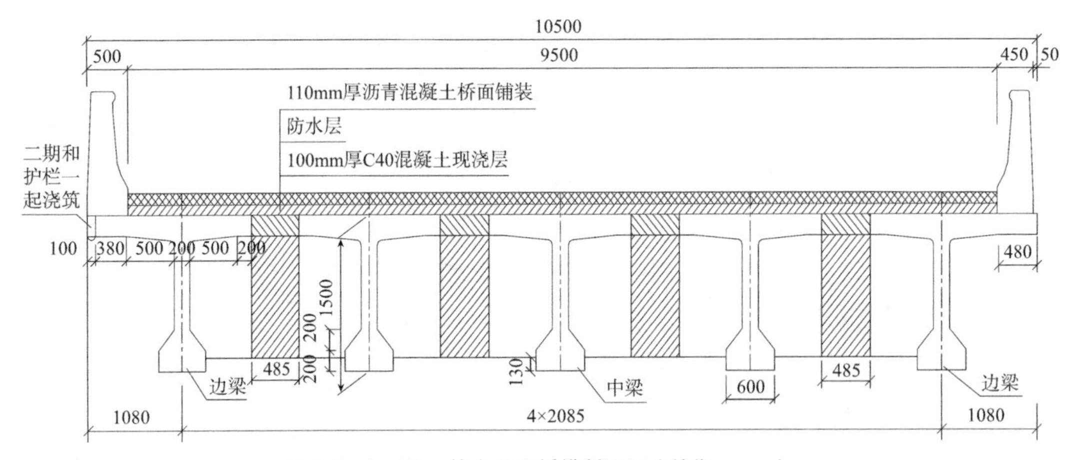

图 6.6　1×30m 简支 T 梁桥横断面图（单位：mm）

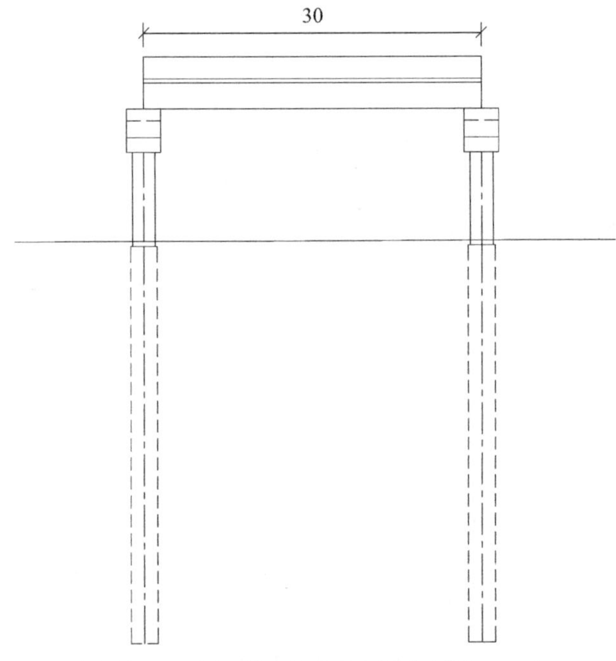

图 6.7　1×30m 简支 T 梁桥立面图（单位：m）

（3）1×40m 简支 T 梁桥基本情况

该桥是跨径为 40m 的预应力混凝土简支 T 梁桥，桥的上部结构由 7 片 T 梁构成；护栏为钢筋混凝土结构。该桥的公路等级为高速公路，荷载等级为公路－Ⅰ级，设计速度为 80km/h，桥宽布置（半幅宽）为 0.5m（护栏）+16.20m（净宽）+0.5m（护栏）。该桥的横断面如图 6.8 所示，立面如图 6.9 所示。

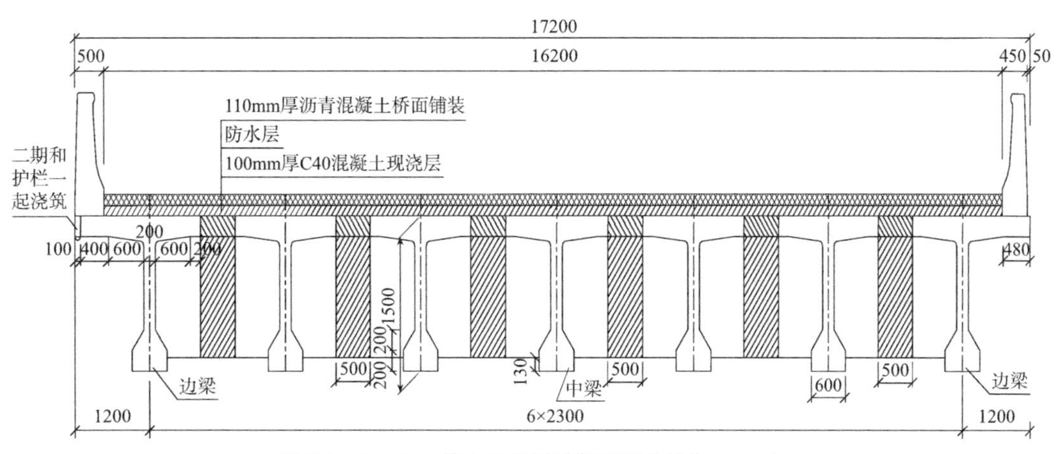

图 6.8　1×40m 简支 T 梁桥横断面图（单位：mm）

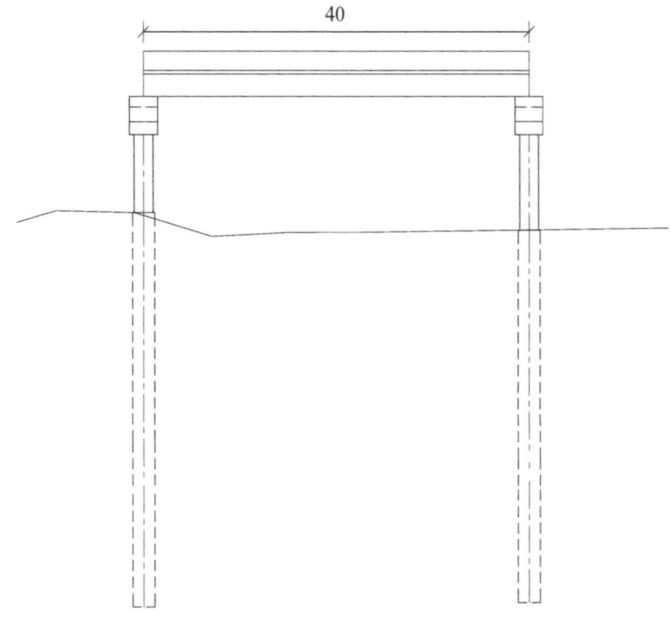

图 6.9　1×40m 简支 T 梁桥立面图（单位：m）

（4）1×43m 简支钢箱梁桥基本情况

该桥是跨径为 43m 的简支钢箱梁桥，桥面横坡为双向 2%，纵断面纵坡为 0.6%，桥梁为斜交 80° 的斜交桥；桥的上部结构由钢箱梁构成。该桥的公路等级为高速公路，荷载等级为公路－Ⅰ级，设计速度为 80km/h，桥宽布置（半幅宽）为 0.5m（护栏）+11.20m（净宽）+0.5m（护栏）。该桥的立面如图 6.10 所示，横断面如图 6.11 所示。

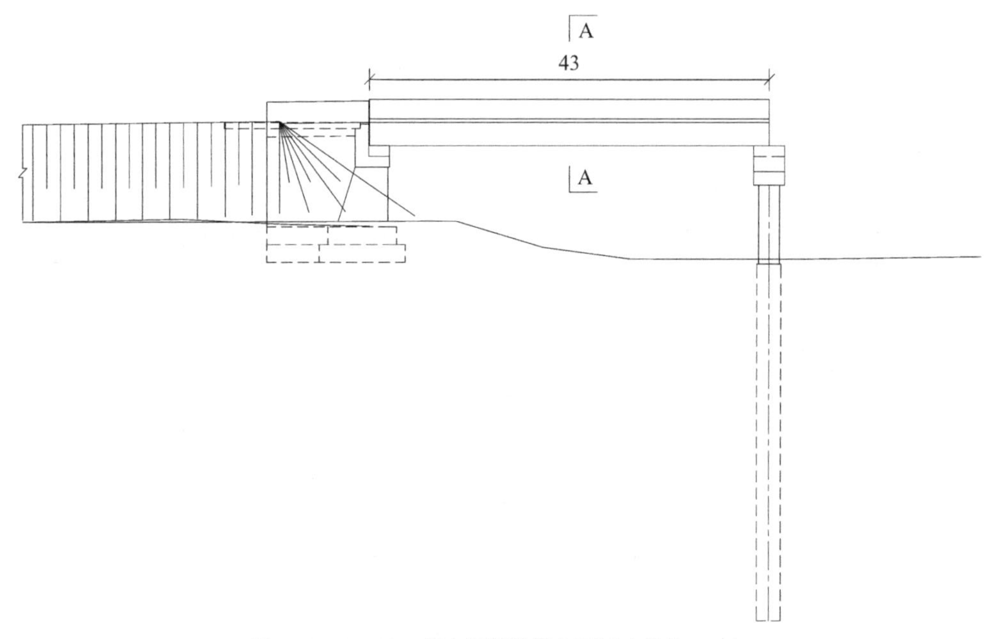

图 6.10　1×43m 简支钢箱梁桥立面图（单位：m）

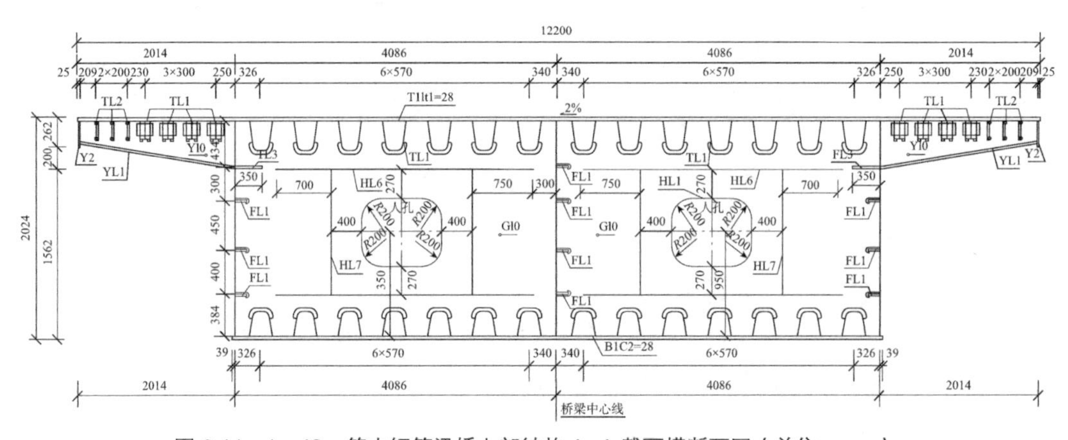

图 6.11　1×43m 简支钢箱梁桥上部结构 A–A 截面横断面图（单位：mm）

（5）1×30m 简支 T 梁车行天桥基本情况

该桥是跨径为30m的简支T梁车行天桥，该桥桥面位于直线上，纵断面纵坡为-2.47%；上部结构采用预应力混凝土T梁，桥墩支座GJZ350mm×400mm×84mm板式橡胶支座；桥台设置D80伸缩缝，护栏为钢筋混凝土结构。该桥的公路等级为高速公路，荷载等级为公路-Ⅰ级，设计速度为30km/h，桥宽布置（半幅宽）为0.5m（护栏）+8.00m（净宽）+0.5m（护栏）。本桥的横断面如图6.12所示，立面如图6.13所示。

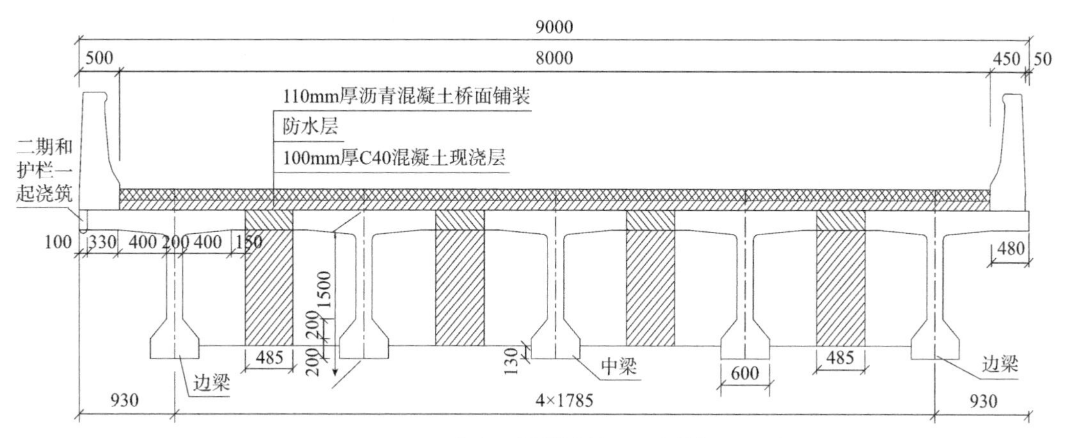

图6.12　1×30m 简支 T 梁桥横断面图（单位：mm）

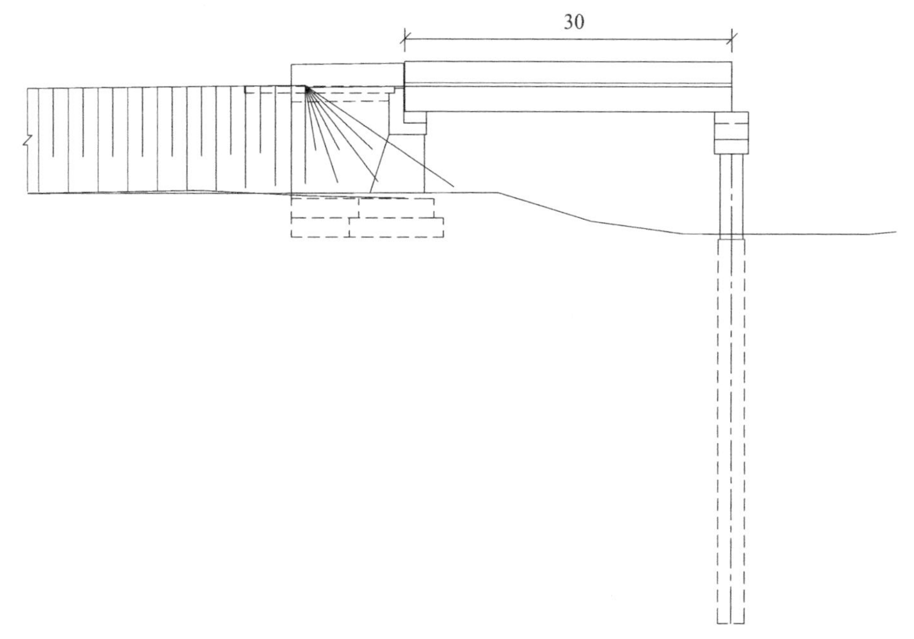

图6.13　1×30m 简支 T 梁桥立面图（单位：m）

6.2.2 位移测点布置

根据《公路桥梁荷载试验规程》JTG/T J21-01—2015 可知，位置测点布置应该遵循以下几条原则：第一，位移测点的测值应能反映结构的最大变位及其变化规律；第二，主梁竖向位移的纵桥向测点宜布置在各工况荷载作用下挠度曲线的峰值位置；第三，竖向位移测点的横向布置应充分反映桥梁横向挠度分布特征，整体式截面不宜少于 3 个，多梁式（分离式）截面宜逐片梁布置；第四，主梁水平位移测点应根据计算布置在相应的最大位移处；第五，墩塔的水平位移测点应布置在顶部，并根据需要设置纵、横向测点；第六，支点沉降的测点宜靠近支座处布置；第七，进行挠度测试时，挠度测点通常布置于梁（杆、肋或主拱圈）底面，条件不具备时布置在桥面；第八，当测试主梁、主拱、加劲梁、主缆等的挠度曲线时，通常在最大、最小挠度控制截面之间内插若干挠度测试截面。因此本试验的测点布置如下：

①T 梁：每片 T 梁正上方各布置 1 个挠度测点。

②钢箱梁：桥面每截面横向等距离布置 3 个挠度测点。

本试验的测点布置示意图如图 6.14 ~ 图 6.16 所示。

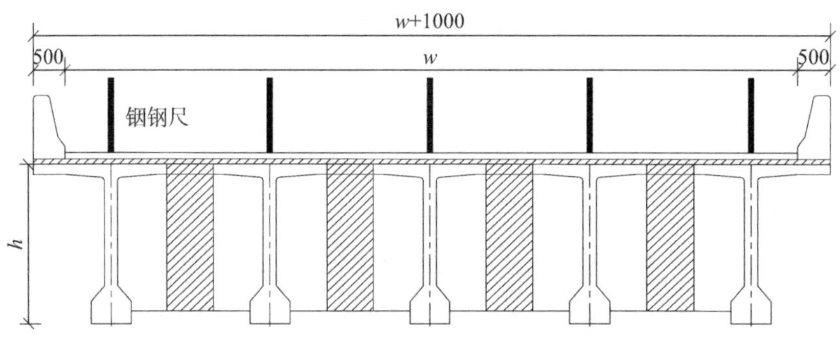

图 6.14　5 片简支 T 梁静载挠度测点位置（单位：mm）

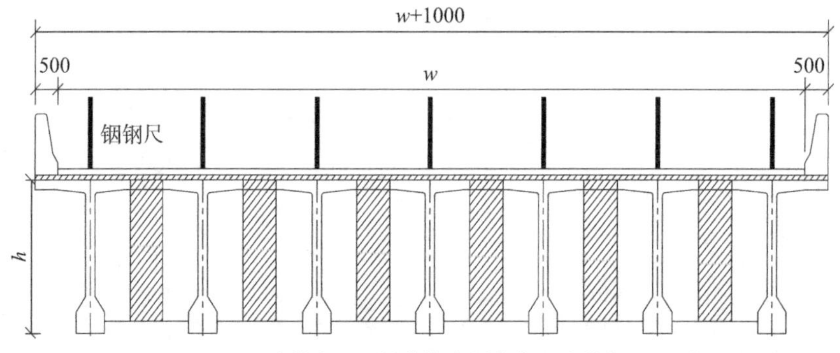

图 6.15　7 片简支 T 梁静载挠度测点位置（单位：mm）

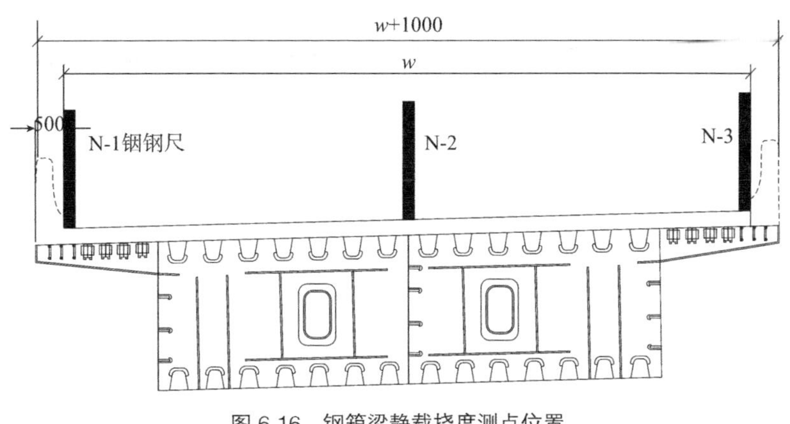

图 6.16　钢箱梁静载挠度测点位置

6.2.3　有限元数值模拟

本节介绍桥梁支座的模拟与结构参数随机性的选择，随后介绍 5 座简支梁桥有限元模型的建立，在此基础上，生成 CNN 模型的训练样本。

（1）桥梁支座的模拟

由橡胶与钢板硫化组成的支座称为板式橡胶支座，在国内外都被广泛应用于桥梁中，尤其是应用于中小跨径的公路桥梁中，这是因为其具有结构简单、成本低、用钢量少、易于安装和设计简单等优点。本书中，简支梁桥采用的桥梁支座均为板式橡胶支座，板式橡胶支座的基本构造如图 6.17 所示，其中，d 为支座直径，t 为支座的总厚度，t_1 为支座某一单层橡胶间距。

一般而言，在建立有限元模型时，可用以下 3 种约束模型模拟板式橡胶支座：理想约束模型、弹性约束模型、简化约束模型。

①理想约束模型

通常采用的板式橡胶支座梁桥计算模型会先忽略支座的水平刚度与转动刚度，且将竖向刚度视为无穷大，这种计算模型就称为理想约束模型（图 6.18）。

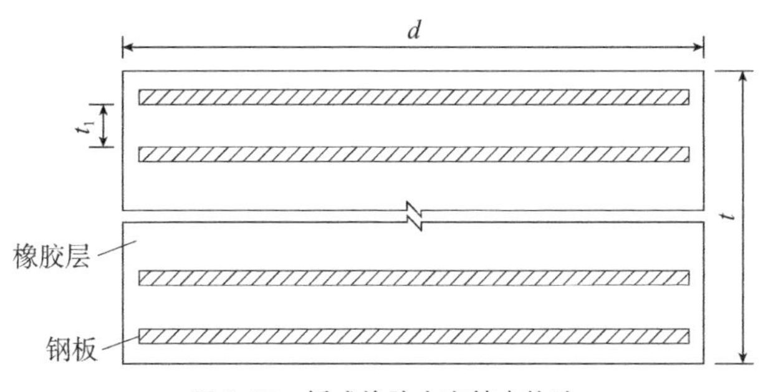

图 6.17　板式橡胶支座基本构造

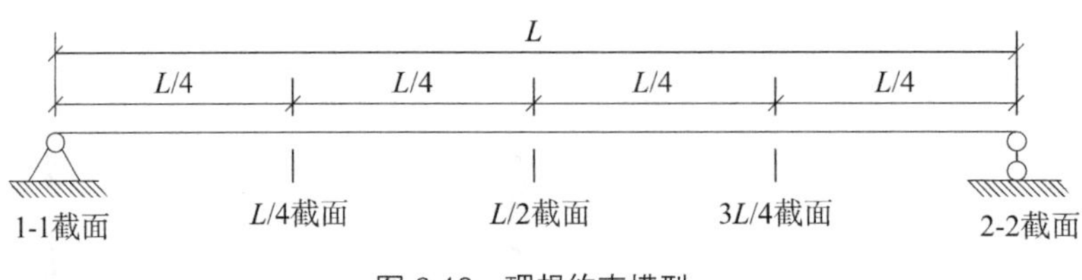

图 6.18　理想约束模型

②弹性约束模型

在竖向荷载作用下，板式橡胶支座受到一定压应力，在支座产生转动后支座压应力发生改变，支座的不均匀受压会对梁体产生一个力矩（图 6.19）。因而，板式橡胶支座对梁的约束为弹性约束。因此，将考虑支座水平刚度、转动刚度与竖向刚度的支座模型简称为弹性约束模型。

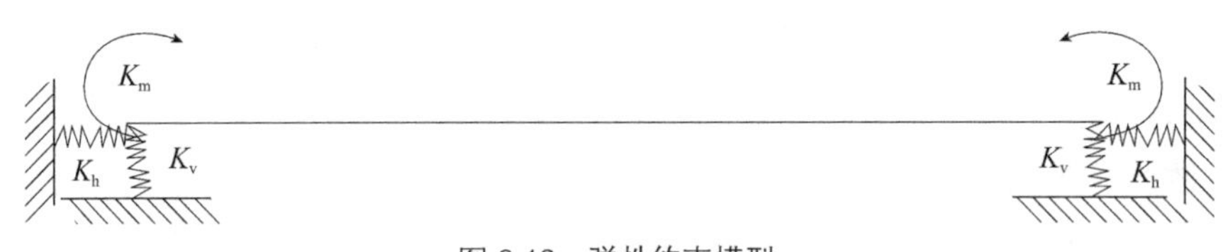

图 6.19　弹性约束模型

③简化约束模型

考虑到在竖向荷载作用下，水平弹性约束对结构的位移及内力影响很小，因此，对理想约束模型进一步简化，简化后的计算模型仅考虑支座的转动刚度，这种计算模型称为简化约束模型（图 6.20）。

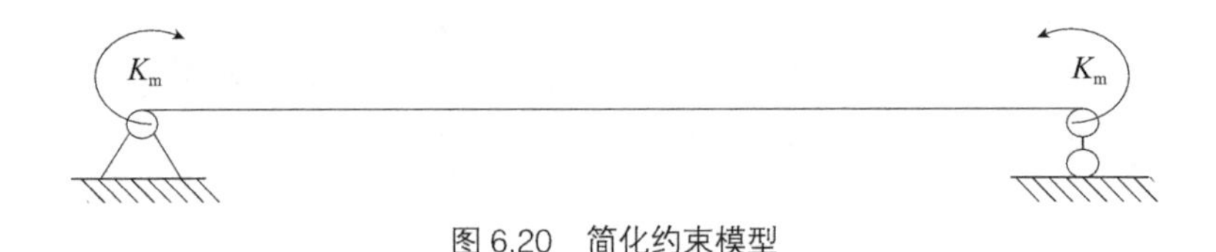

图 6.20　简化约束模型

板式橡胶支座的竖向、水平向和转动刚度的计算公式分别为

$$K_v=\frac{EA}{t_e} \tag{6.3}$$

$$K_h=\frac{GA}{t_e} \tag{6.4}$$

$$K_m=\frac{12ab^3G}{t_e} \tag{6.5}$$

$$E=5.4GS^2 \tag{6.6}$$

式中：K_v 为桥梁支座竖向刚度；K_h 为桥梁支座水平刚度；K_m 为桥梁支座抗弯刚度；E 为板式橡胶支座抗压弹性模量；A 为板式橡胶支座毛面积；t_e 为支座橡胶总厚度；G 为板式橡胶支座剪切弹性模量；S 为支座形状系数；a 为板式橡胶支座长度；b 为板式橡胶支座宽度。

（2）参数随机性的选择

桥梁实际结构存在着许多不确定因素，这导致桥梁截面尺寸的几何参数、桥梁结构的物理参数、桥梁支座刚度以及桥梁结构所承受的作用等与设计值有差别，这些差别可以被定义为随机变量或者随机过程。同时，在桥梁检测现场中，重车的质量与跑车的车速不会与理论值完全相同，因此需要对重车的质量与跑车的车速进行随机处理。

本章主要对结构弹性模量与质量、桥梁支座刚度、重车质量以及跑车车速采取随机处理，结构弹性模量与质量、桥梁支座刚度的随机性采用正态分布，其数学表达式为

$$f(x)=\frac{1}{\sqrt{2\pi}}\exp\left[-\frac{(x-\mu)^2}{2\sigma^2}\right] \tag{6.7}$$

$$\sigma=\mu\times\delta \tag{6.8}$$

式中：δ 为变异系数；μ 为均值。

重车质量以及跑车车速的随机性采用均匀分布，其数学表达式为

$$f(x)=x+\alpha\cdot x \tag{6.9}$$

式中：x 为理论值；α 为变异系数，本章中 α 取 ±10% 之间的随机数。

（3）简支梁桥数值模型

本章采用有限元软件 ANSYS 建立选取的 5 座简支梁桥有限元模型，建模方法采用梁格法，有限元模型选用有限元软件 ANSYS 中的 Beam4 单元建模。1×20m 简支 T 梁桥模型、1×30m 简支 T 梁桥模型、1×40m 简支 T 梁桥模型、1×30m 简支 T 梁天桥模型的主梁截面采用 T 梁截面，材料的弹性模量为 $E=3.45\times10^4$MPa，质量密度为 2500kg/m^3，T 梁横向连接采取刚臂连接。1×43m 简支钢箱桥模型主梁截面采用钢箱梁，材料的弹性模量为 $E=2.00\times10^5$MPa，质量密度为 7850kg/m^3。板式橡胶支座采用简化约束模型模拟。

（4）训练集生成

本数值模拟试验的目的是生成 CNN 的训练集，其生成过程如下。

首先，利用 ANSYS 建立简支梁桥模型，建模采用梁格法建模，此模型即为理论模型。再对结构弹性模量、桥梁支座刚度采取随机取值，随机取值服从式（6.7），通过 ANSYS 批量处理得出 2000 个理论实际模型。有限元模型分类如图 6.21 所示。

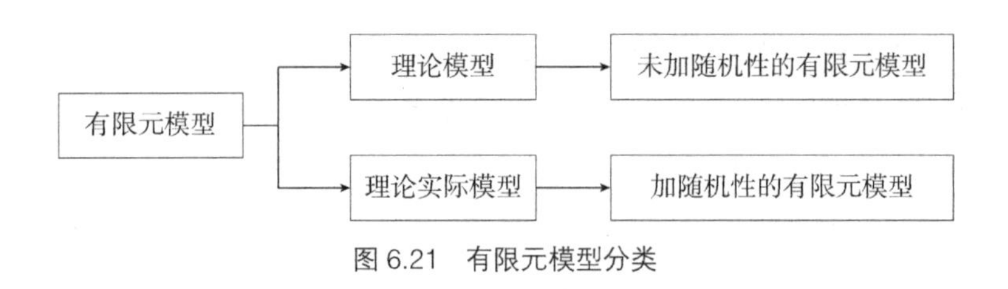

图 6.21　有限元模型分类

第二步，对理论模型施加重车荷载，按照上节的测点布置规定求得所需测点的挠度，记为简支梁桥的理论挠度变化值为 x。对 2000 个实际模拟模型在同一点求得实际挠度变化值为 y_i，所以 2000 个实际模拟模型对应点的挠度校验系数为

$$\eta^i=\frac{y^i}{x} \tag{6.10}$$

第三步，对 2000 个理论实际模型施加跑车荷载，跑车理论质量取 35t，实际质量则按照式（6.7）随机取得，跑车速度分别按照 20km/h、30km/h、40km/h 3 个档次随机取一个，此记为理论车速，而实际车速同样按照数学表达式（6.7）随机取得。

第四步，在车辆荷载作用下提取有限元模型如图 6.22 ~ 图 6.26 所示位置点的加速度响应，以频率为 200Hz（时间间隔 0.005s），时长为 15s 进行采样，则一个模型在一次跑车荷载作用下共采样 16 × 3000 个数据，记为一个样本。本试验可以得到 2000 个样本，作为 CNN 的训练集，将训练集输入 CNN 模型完成训练。

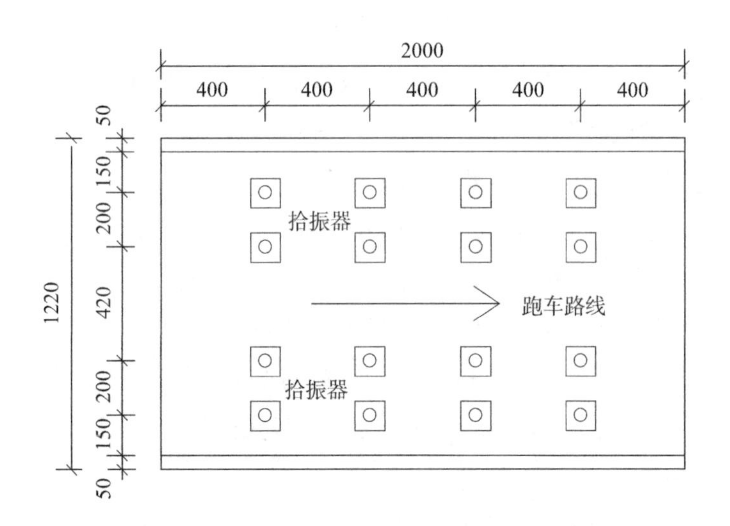

图 6.22　1 × 20m 简支 T 梁桥测点布置图

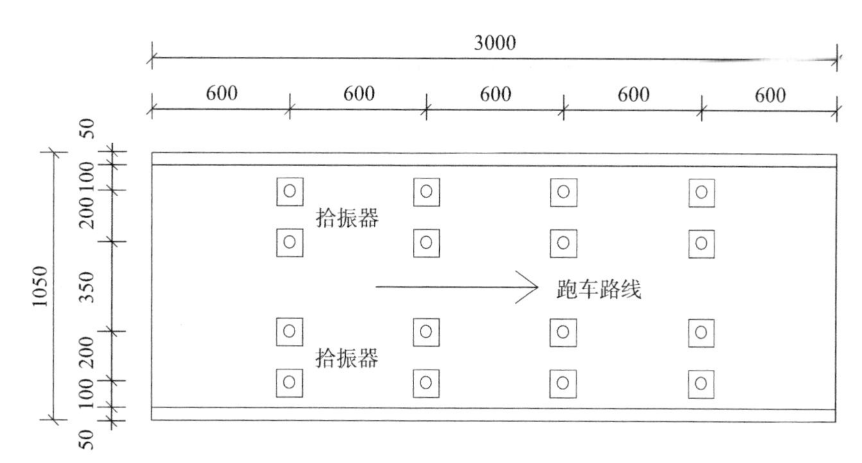

图 6.23　1×30m 简支 T 梁桥测点布置图

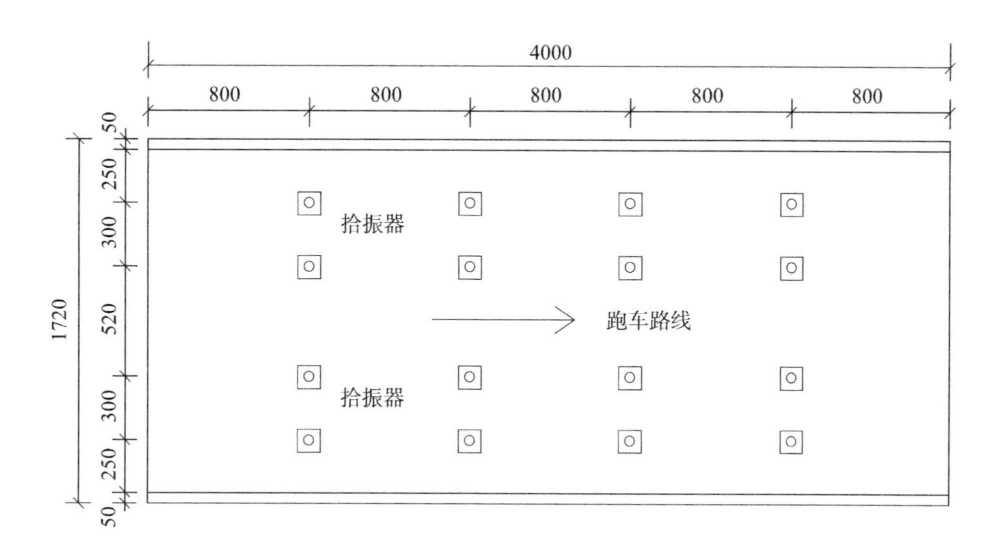

图 6.24　1×40m 简支 T 梁桥测点布置图

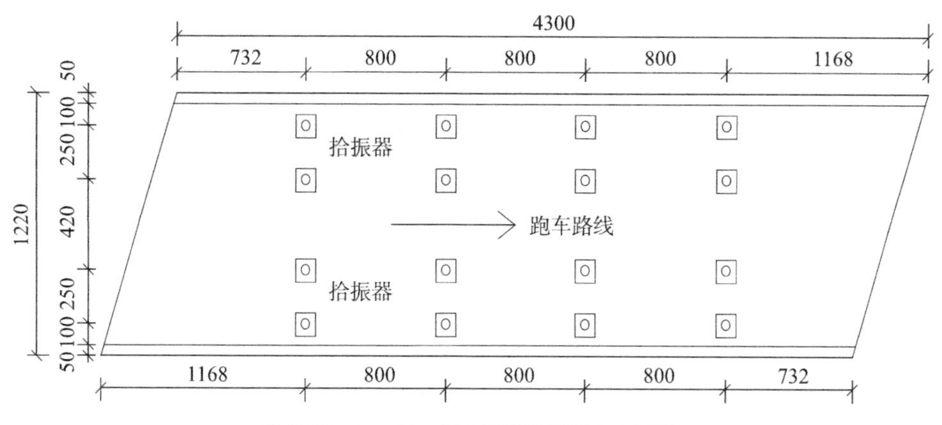

图 6.25　1×43m 简支钢箱梁桥测点布置图

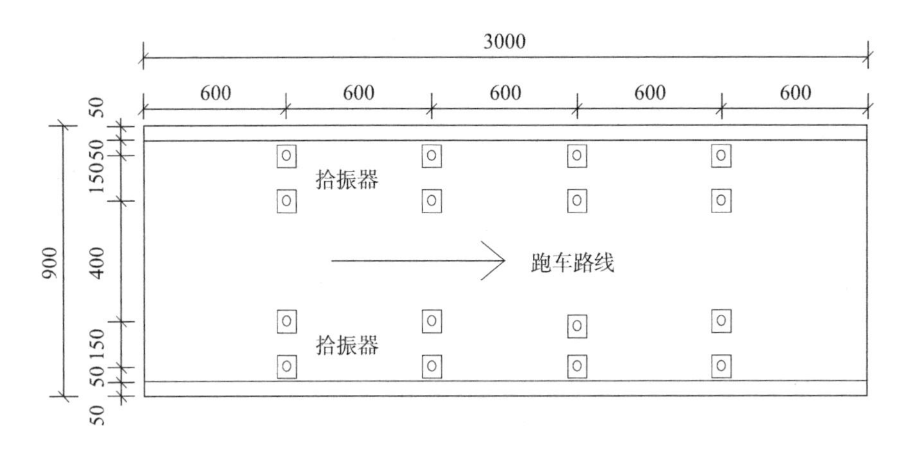

图 6.26 1×30m 简支 T 梁车行天桥测点布置图

6.2.4 CNN 网络模型框架

本章采用的卷积神经网络模型有 3 层卷积层，卷积核的尺寸采用 5×5，第一层卷积层卷积核数量为 5 个，第二、三层卷积层卷积核数量为 10 个，卷积运算模式设置为填充模式，步长为 1。卷积层与卷积层之间加入 2×2 的最大池化层（Maxpool），以便 CNN 更好地提取数据特征。本模型采用线性整流函数作为激活函数，以便更有效率地梯度下降以及反向传播。模型全连接层有 3 层，最后一层全连接层采用线性函数做回归预测，预测出挠度校验系数。CNN 网络模型的参数如表 6.3 所示。

表 6.3 CNN 网络模型的参数

网络层	模块	输入（个数 @ 通道数 × 通道采样点数）	运算核数量	运算核大小	滑动步长	输入（个数 @ 通道数 × 通道采样点数）
L1	输入层	1@16×100	—	—	—	1@16×100
L2	卷积层 C1	1@16×100	5	6×6	1	5@16×100
L3	池化层 P1	5@16×100	1	2×2	2	5@6×50
L4	卷积层 C2	5@6×50	5	6×6	1	5@6×50
L5	池化层 P2	5@6×50	1	2×2	2	5@3×25
L6	卷积层 C3	5@3×25	5	6×6	1	5@3×25
L7	池化层 P3	5@3×25	1	2×2	2	5@1×13
L8	全连接层 F1	5@1×13	—	—	—	1@1×150
L9	全连接层 F2	1@1×150	—	—	—	1@1×40
L10	全连接层 F3	1@1×40	—	—	—	1@1×1
L11	线性回归层	1@1×1	—	—	—	1@1×1
L12	输出层	1@1×1	—	—	—	挠度校验系数

在上一节中对1×20m简支T梁桥、1×30m简支T梁桥、1×40m简支T梁桥、1×43m简支钢箱梁桥和1×30m简支T梁车行天桥5座简支梁桥进行数值模拟试验，每座桥分别得到了2000个加速度响应样本作为CNN的训练集，输入上述网络完成训练。

6.2.5 现场试验

（1）试验目的

在6.2.4节中完成了CNN模型的训练，在本节中将采用现场跑车试验得出5座简支梁桥的实际加速度响应，作为CNN模型的预测集，输入训练好的CNN模型预测出这5座实体桥梁的静载校验系数，并与实测的静载校验系数进行对比。

（2）试验步骤

本试验分别在1×20m简支T梁桥、1×30m简支T梁桥、1×40m简支T梁桥、1×43m简支钢箱梁桥和1×30m简支T梁车行天桥进行跑车试验。现场人员在桥面上布置拾振器，测点位置如图6.22～图6.26所示，跑车试验的现场拾振器布置情况如图6.27所示。

图6.27 拾振器现场布置

在5座简支梁桥上进行跑车试验，重车质量在33.25~36.75t之间，跑车速度选取20km/h、30km/h、40km/h 3个档位，每个速度跑两趟，如图6.28所示为某一趟跑车的现场纪录照片。采集指定点的加速度，即16个通道，每个通道以频率200Hz（0.005s）、时长15s采集数据，则每跑一趟共可获得16×3000个数据，每一趟采集的数据作为一个样本，总共有6个样本，因此，每座简支梁桥都有6个样本作为预测集。

图 6.28 跑车试验

5 座桥梁在跑车速度为 40km/h 下采集得到的加速度响应如图 6.29 ~ 图 6.33 所示。

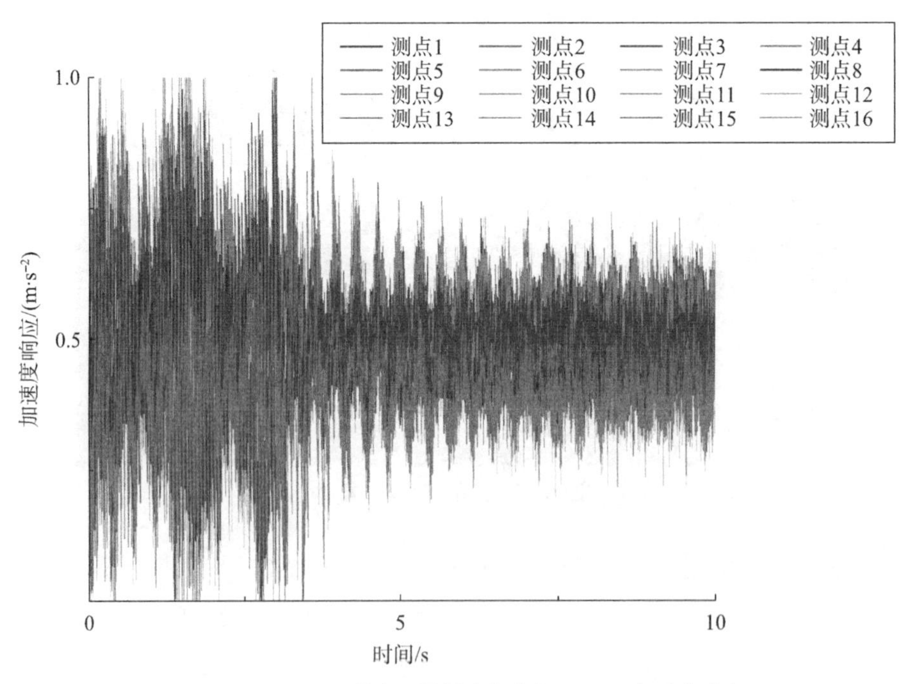

图 6.29 1×20m 简支 T 梁桥跑车速度 40km/h 加速度响应

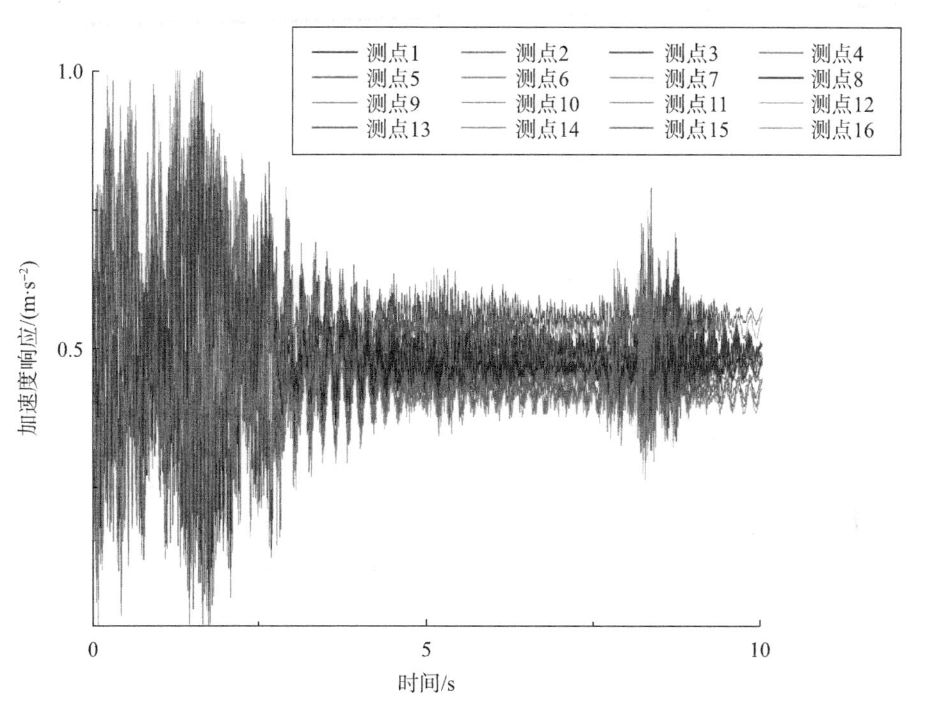

图 6.30　1×30m 简支 T 梁桥跑车速度 40km/h 加速度响应

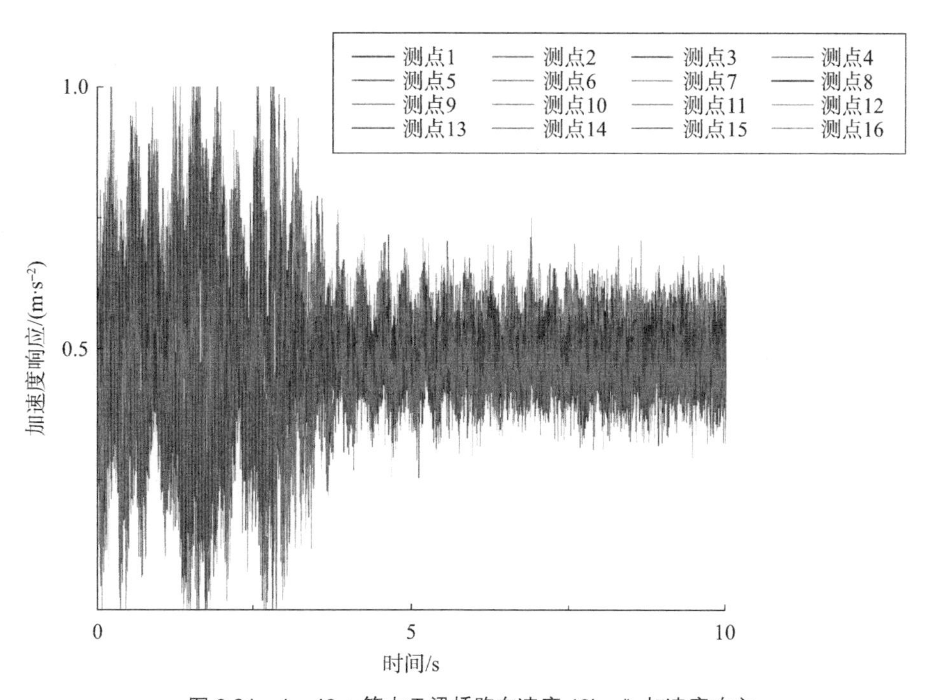

图 6.31　1×40m 简支 T 梁桥跑车速度 40km/h 加速度响应

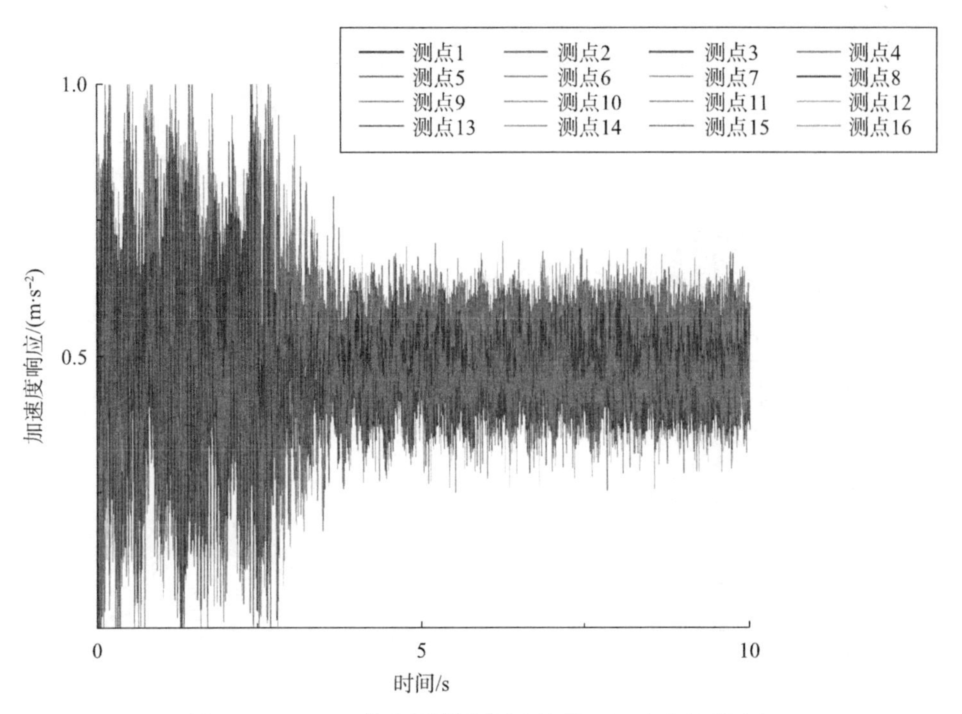

图 6.32　1×43m 简支钢箱梁桥跑车速度 40km/h 加速度响应

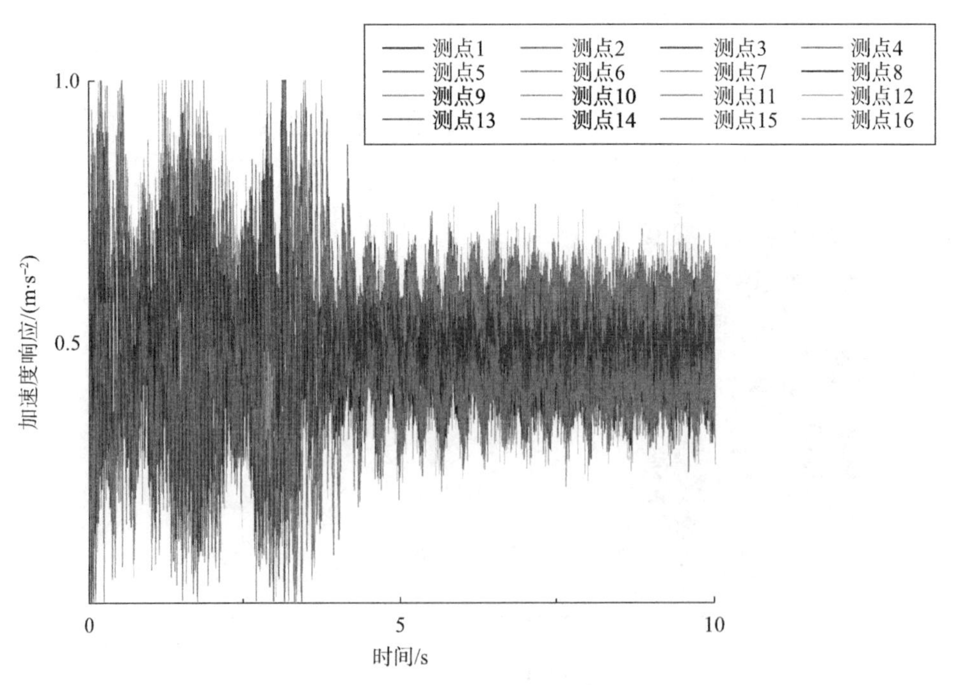

图 6.33　1×30m 简支 T 梁车行天桥跑车速度 40km/h 加速度响应

6.2.6　预测结果

将现场实测的加速度数据输入 CNN 模型，得到 5 座桥梁的校验系数的预测值（表 6.4 ~ 表 6.6）。

表 6.4　20km/h 情况下 CNN 预测结果

测点部位	1×20m 简支 T 梁		1×30m 简支 T 梁		1×40m 简支 T 梁		1×43m 简支钢箱梁		1×30m 简支车行天桥	
	样本 1	样本 2	样本 1	样本 2	样本 1	样本 2	样本 1	样本 2	样本 1	样本 2
1	0.73	0.72	0.72	0.79	0.78	0.79	0.89	0.88	0.71	0.72
2	0.69	0.71	0.72	0.77	0.66	0.65	0.88	0.87	0.72	0.71
3	0.74	0.75	0.71	0.77	0.68	0.67	0.86	0.88	0.72	0.71
4	0.72	0.74	0.71	0.75	0.72	0.77	—	—	—	—
5	0.71	0.69	0.71	0.76	0.72	0.71	—	—	—	—
6	—	—	—	—	0.81	0.77	—	—	—	—
7	—	—	—	—	0.81	0.79	—	—	—	—

表 6.5　30km/h 情况下 CNN 预测结果

测点部位	1×20m 简支 T 梁		1×30m 简支 T 梁		1×40m 简支 T 梁		1×43m 简支钢箱梁		1×30m 简支车行天桥	
	样本 1	样本 2	样本 1	样本 2	样本 1	样本 2	样本 1	样本 2	样本 1	样本 2
1	0.71	0.72	0.74	0.69	0.78	0.77	0.89	0.89	0.69	0.71
2	0.71	0.72	0.73	0.70	0.67	0.68	0.86	0.85	0.73	0.75
3	0.75	0.75	0.73	0.68	0.66	0.67	0.87	0.85	0.71	0.69
4	0.68	0.69	0.72	0.69	0.77	0.78	—	—	—	—
5	0.76	0.76	0.71	0.69	0.71	0.69	—	—	—	—
6	—	—	—	—	0.79	0.78	—	—	—	—
7	—	—	—	—	0.79	0.79	—	—	—	—

表 6.6　40km/h 情况下 CNN 预测结果

测点部位	1×20m 简支 T 梁		1×30m 简支 T 梁		1×40m 简支 T 梁		1×43m 简支钢箱梁		1×30m 简支车行天桥	
	样本 1	样本 2	样本 1	样本 2	样本 1	样本 2	样本 1	样本 2	样本 1	样本 2
1	0.71	0.71	0.76	0.74	0.81	0.79	0.91	0.89	0.68	0.69
2	0.71	0.69	0.75	0.73	0.67	0.68	0.85	0.84	0.77	0.75
3	0.74	0.75	0.74	0.71	0.68	0.66	0.86	0.85	0.72	0.69
4	0.76	0.77	0.73	0.71	0.73	0.72	—	—	—	—
5	0.76	0.75	0.72	0.69	0.71	0.72	—	—	—	—
6	—	—	—	—	0.76	0.78	—	—	—	—
7	—	—	—	—	0.78	0.79	—	—	—	—

通过动载跑车试验数据由 CNN 预测得到的校验系数与现场静载试验实测校验系数的对比如图 6.34 ~ 图 6.38 所示。

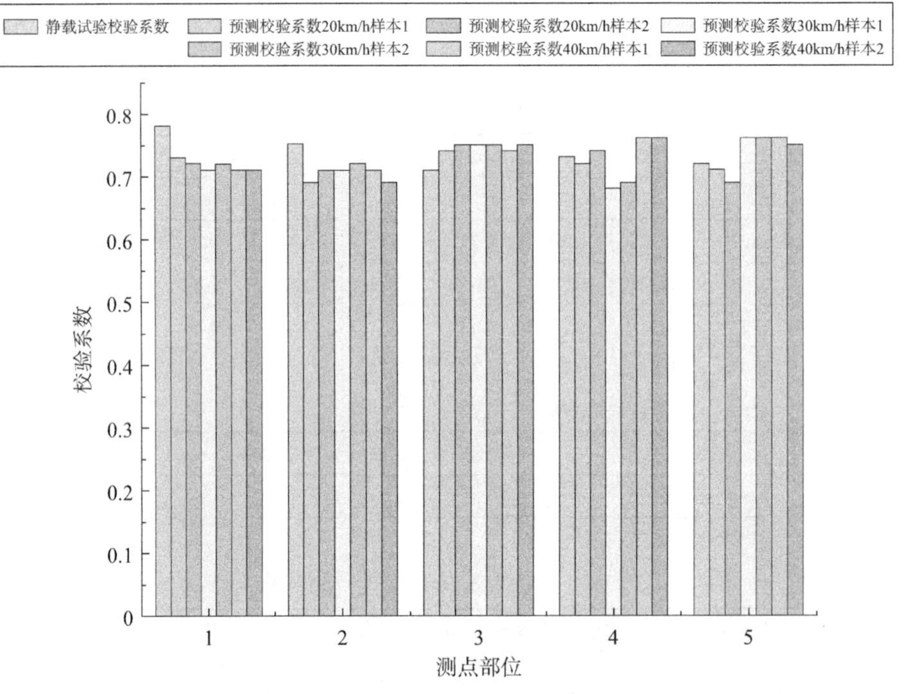

图 6.34　1 × 20m 简支 T 梁桥校验系数结果比较

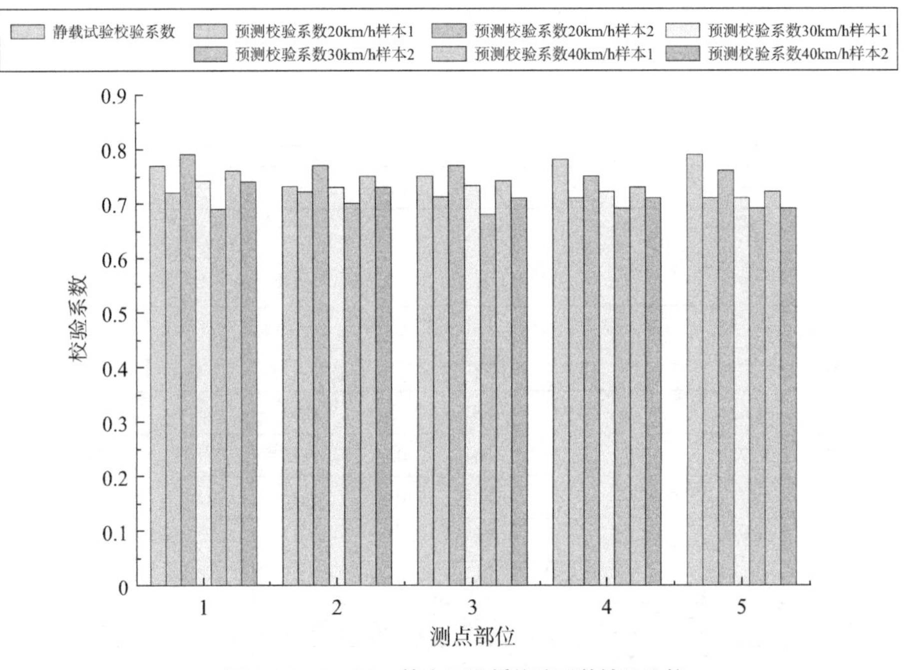

图 6.35　1 × 30m 简支 T 梁桥校验系数结果比较

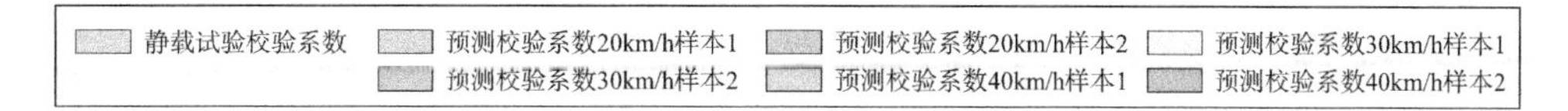

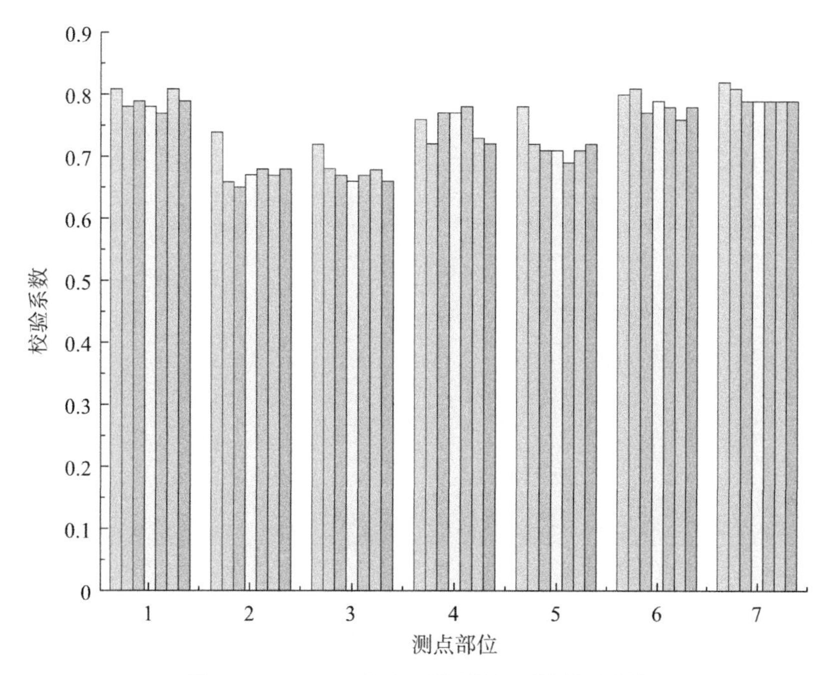

图 6.36　1×40m 简支 T 梁桥校验系数结果比较

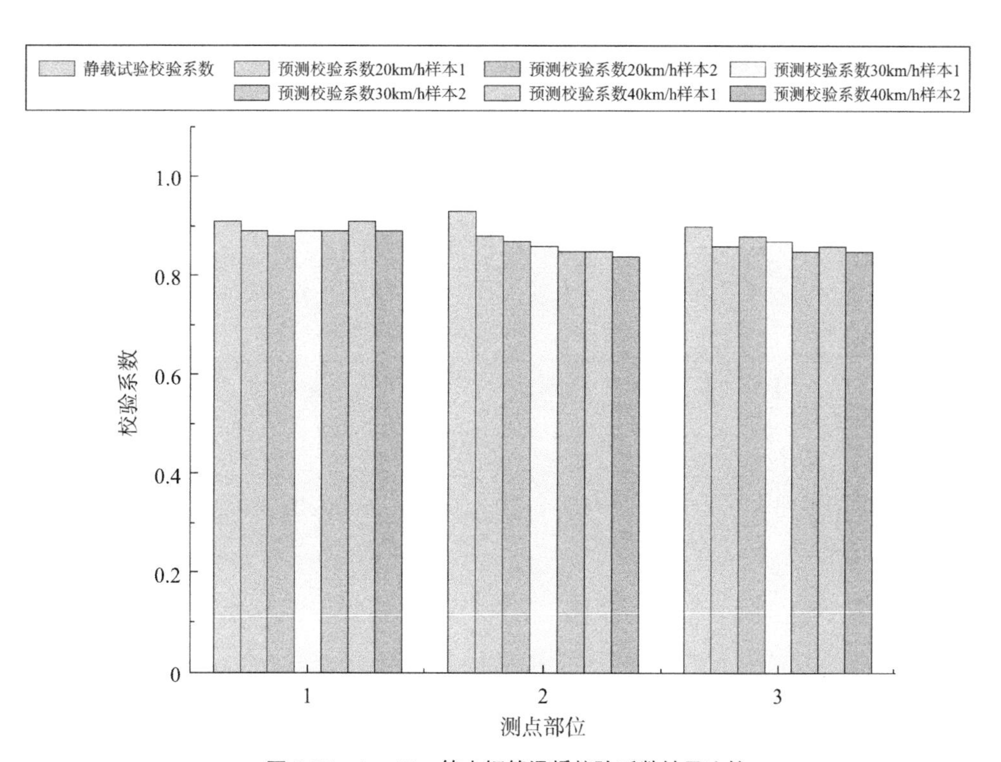

图 6.37　1×43m 简支钢箱梁桥校验系数结果比较

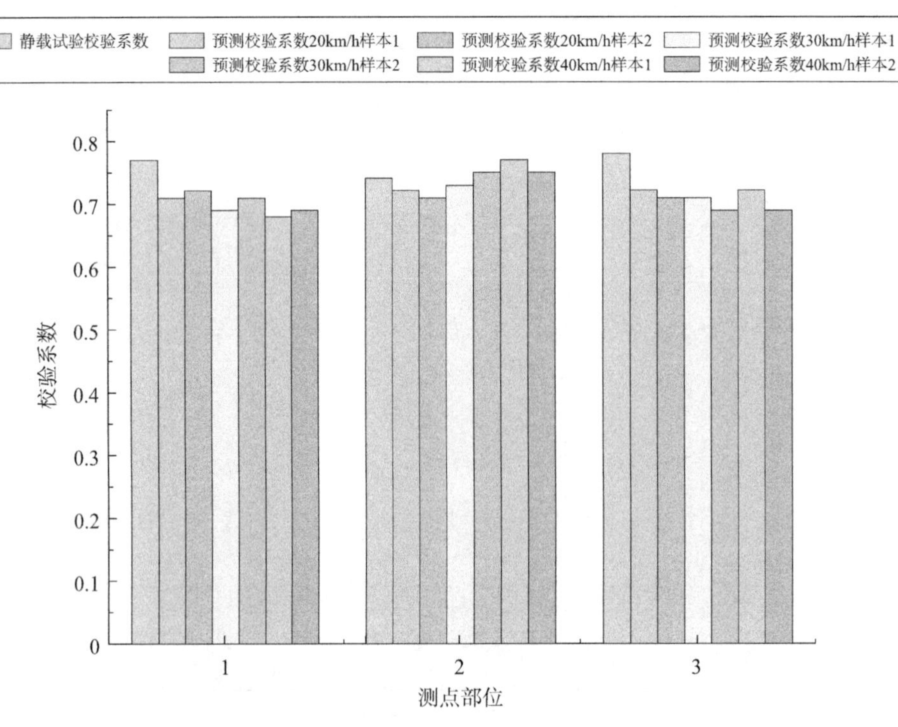

图 6.38　1×30m 简支 T 梁车行天桥校验系数结果比较

从以上结果对比可知，采用动载跑车试验数据由 CNN 预测得到的校验系数与现场静载试验实测校验系数吻合良好，并具有较好的重现性，证明了本书所提出的基于深度学习技术的桥梁结构动力性能和损伤识别评价技术可以用于工程实践。

参考文献

[1] 徐洪雷 . 移动荷载作用下桥梁结构的损伤识别 [D]. 保定：河北大学，2011.

[2] 张治国 . 基于模态分析理论和神经网络的桥梁损伤识别方法研究 [D]. 武汉：武汉理工大学，2005.

[3] 谢峻 . 基于振动的桥梁结构损伤识别方法研究 [D]. 广州：华南理工大学，2003.

[4] 张家弟 . 基于静力响应的桥梁结构损伤识别研究 [D]. 武汉：武汉理工大学，2006.

[5] SRINIVAS M，PATNAILK L M. Adaptive probabilities of crossover and mutation in genetic algorithms [J]. IEEE Transactions on Systems Man and Cybernetics，1994，24（4）：656–667.

[6] LI X Y，LAW S S. Damage Identification of Structures Including System Uncertainties and Measurement Noise [J]. AIAA Journal，2008，46（1）：263–276.

[7] 张纯，宋固全，吴光宇 . 实测模态和结构模型同步修正的结构损伤识别方法 [J]. 振动与冲击，2010，29（9）：1–4，238.

[8] CAWLEY P，ADAMS R. The location of defects in structures from measurements of natural frequencies [J]. The Journal of Strain Analysis for Engineering Design，1979，14：49–57.

[9] SAYYAD F B，KUMAR B. Identification of crack location and crack size in a simply supported beam by measurement of natural frequencies [J]. Journal of Vibration and Control，2012，18（2）：183–190.

[10] 尚鑫，徐岳，任更锋 . 受损简支梁固有频率变化规律研究 [J]. 西安建筑科技大学学报（自然科学版），2013，45（5）：640–646.

[11] SALAWU O S. Detection of structural damage through changes in frequency：a review[J]. Engineering Structures，1997，19（9）：718–723.

[12] 谢峻，韩大建 . 一种改进的基于频率测量的结构损伤识别方法 [J]. 工程力学，2004，21（1）：21–25.

[13] 刘军香 . 基于加速度二次协方差矩阵和 BP 神经网络的结构损伤识别方法研究 [D]. 廊

坊：防灾科技学院，2019.

[14] PANDEY P C, BARAI S V. Multilayer perceptron in damage detection of bridge structures [J]. Computers & Structures，1995，54（4）：597–608.

[15] 贾宏玉，岳鹏飞，方治华 . 基于三向振型变化率的空间刚架结构损伤识别 [J]. 桂林理工大学学报，2011，31（4）：550–553.

[16] 董聪 . 基于动力特性的结构损伤定位方法 [J]. 力学与实践，1999，21（4）：62–63.

[17] YAO G C，CHANG K C，LEE G C. Damage diagnosis of steel frames using vibrational signature analysis [J]. Journal of Engineering Mechanics，1992，118（9）：1949–1961.

[18] 季家威 . PCA 在环境影响下结构损伤识别中的应用 [D]. 苏州：苏州科技大学，2019.

[19] 陈淮，禹丹江 . 基于曲率模态振型进行梁式桥损伤识别研究 [J]. 公路交通科技，2004，21（10）：55–57，65.

[20] 陈江，熊峰 . 基于曲率模态振型的损伤识别方法研究 [J]. 武汉理工大学学报，2007，29（3）：99–102.

[21] 徐飞鸿，戴斌 . 基于柔度相对变化率曲率矩阵的损伤结构识别方法 [J]. 长沙理工大学学报（自然科学版），2015，12（4）：63–68.

[22] 刘习军，商开然，张素侠，等 . 基于改进小波包能量的梁式结构损伤识别 [J]. 振动与冲击，2016，35（13）：179–185，200.

[23] 陈素文，李国强 . 人工神经网络在结构损伤识别中的应用 [J]. 振动、测试与诊断，2001，21（2）：116–124.

[24] 王柏生，丁皓江，倪一清，等 . 模型参数误差对用神经网络进行结构损伤识别的影响 [J]. 土木工程学报，2000，33（1）：50–55.

[25] 徐菁，曲丽敏，卢翠萍 . 大跨度空间网格结构的健康监测系统 [J]. 兰州理工大学学报，2016，42（4）：128–133.

[26] 张学工 . 关于统计学习理论与支持向量机 [J]. 自动化学报，2000，26（1）：32–42.

[27] 赵云鹏，于天来，焦峪波，等 . 异形桥梁损伤识别方法及参数影响分析 [J]. 吉林大学学报（工学版），2016，46（6）：1858–1866.

[28] 钱程 . 基于深度学习的人脸识别技术研究 [D]. 成都：西南交通大学，2017.

[29] 张建明，詹智财，成科扬，等 . 深度学习的研究与发展 [J]. 江苏大学：自然科学版，2015，36（2）：191–200.

[30] 王博，郭继昌，张艳 . 基于深度网络的可学习感受野算法在图像分类中的应用 [J]. 控制理论与应用，2015，32（8）：1114–1119.

[31] 杨真真，匡楠，范露，等 . 基于卷积神经网络的图像分类算法综述 [J]. 信号处理，2018，34（12）：1474–1489.

[32] 魏秀参 . 解析深度学习：卷积神经网络原理与视觉实践 [M]. 北京：电子工业出版社，2018.

[33] 李雪松，马宏伟，林逸洲 . 基于卷积神经网络的结构损伤识别 [J]. 振动与冲击，2019，38（1）：159-167.

[34] 张可赞 . 基于不同神经网络对已加固刚架拱桥静力有限元模型的参数识别及修正 [D]. 西安：长安大学，2018.

[35] 陈伟 . 深度学习在滚动轴承故障诊断中的应用研究 [D]. 成都：西南交通大学，2018.

[36] 胡方全 . 基于深度卷积神经网络的变转速行星齿轮箱故障诊断方法研究 [D]. 北京：北京交通大学，2019.

[37] ROSENBLATT F. Rosenblatt. The perceptron-a perceiving and recognizing automaton [M]. Cornell Aeronautical Laboratory. 1957.

[38] 郭丽丽，丁世飞 . 深度学习研究进展 [J]. 计算机科学，2015，42（5）：28-33.

[39] 任志山 . 基于神经网络混沌加密算法的安全芯片设计及其在电子商务中的应用研究 [D]. 厦门：厦门大学，2009.

[40] 肖云鹏 . 子空间高斯混合模型在中文语音识别系统中的实现 [D]. 北京：北京交通大学，2013.

[41] 关瑾宁 . 基于深度学习的图像描述模型研究及应用 [D]. 哈尔滨：哈尔滨工业大学，2018.

[42] 彭晏飞，王恺欣，梅金业，等 . 基于循环生成对抗网络的图像风格迁移 [J]. 计算机工程与科学，2020，42（4）：699-706.

[43] 王珩 . 体育场大跨网架屋盖结构的风振响应和风振系数研究 [D]. 杭州：浙江大学，2003.

[44] 中华人民共和国交通运输部 . 公路桥梁荷载试验规程：JTG/T J21-01—2015[S]. 北京：人民交通出版社，2015.

[45] 庄军生 . 桥梁支座 [M]. 3 版 . 北京：中国铁道出版社，2008.